法国索邦大学

剑桥大学

哈佛大学

麻省理工学院

清华大学

北京大学

复旦大学

深圳大学

天津大学

东南大学

中国美术学院象山校区

杭州美术学院本部

澳门大学横琴校区

浙江大学

华南师范大学南海学院

重庆工学院（现名为重庆理工大学）花溪校区

华南理工大学建筑设计研究院现代建筑创作工程技术研究中心自主课题（2016AZ02）
科技部"十三五"科技计划专项国家重点研发计划课题（2017YFC0702505）
国家自然科学基金项目（51678239）
华南理工大学亚热带建筑科学国家重点实验室开放课题（2016ZB15）
华南理工大学中央高校基本科研业务费第二批项目（2015ZM118）
华南理工大学亚热带建筑科学国家重点实验室开放课题（2017ZB15）

大学聚落论说

THEORY OF CAMPUS SETTLEMENT

窦建奇　刘　锐 ◎ 著

华南理工大学出版社
SOUTH CHINA UNIVERSITY OF TECHNOLOGY PRESS

·广州·

图书在版编目（CIP）数据

大学聚落论说／窦建奇，刘锐著. —广州：华南理工大学出版社，2017.8
ISBN 978-7-5623-5290-7

Ⅰ. ①大…　Ⅱ. ①窦…　②刘…　Ⅲ. ①高等学校-建筑设计　Ⅳ. ①TU244.3

中国版本图书馆 CIP 数据核字（2017）第 112306 号

大学聚落论说

窦建奇　刘　锐　著

出 版 人：卢家明

出版发行：华南理工大学出版社

（广州五山华南理工大学 17 号楼　邮编：510640）

http://www.scutpress.com.cn　E-mail: scutc13@ scut. edu. cn

营销部电话：020-87113487　87111048（传真）

责任编辑：蔡亚兰　赖淑华

印 刷 者：广州市骏迪印务有限公司

开　　本：787mm×1092mm　1/16　印张：12.75　字数：276 千

版　　次：2017 年 8 月第 1 版　2017 年 8 月第 1 次印刷

定　　价：58.00 元

前　言

　　大学作为从事教学、科学研究的神圣殿堂，经历了一个漫长而又曲折的发展历程，曾以多种类型和不同名称展示在世人的面前。比如古希腊的柏拉图学园、我国古代的国子监和书院、古印度的佛教寺庙大学、法国中世纪的神学院、英国的牛津大学和剑桥大学、美国的弗吉尼亚学术村、哈佛大学、耶鲁大学等。

　　在历史的进程中，大学一路走来，从未停止过前进的脚步，并对人类文明的发展做出了重要的贡献。尽管如此，在知识大爆炸、科学技术迅猛发展的今天，信息化、大数据、智能化这些顶尖的先进科学技术，已不断渗透社会的方方面面，悄悄地影响和改变着人们的生活，同时也强烈地冲击着大学这块阵地。当代大学面临着极大的挑战，这迫使我们不得不以更加敏锐、更加开阔的视野去探究大学未来的发展前景，思考如何去迎接科技浪潮的冲击。历史是最好的借鉴。回顾历史，在远古的原始社会，我们的祖先为了谋生存、求发展，各种人群自然地聚居在一起，齐心协力，共同抵御凶猛野兽和自然灾害的侵袭，并使人类得以生息、繁衍，从而打造出一个称之为"聚落"的聚居环境（地方）。所以，谋生存、求发展就是聚落的灵魂和精神所在。反观现在的大学，不正是要大力弘扬这种精神吗？求真、求实、求新、求变、谋生存、求发展、开放包容等理念，正是当今大学所应坚守的信念。这样，大学才能突破一切束缚和禁锢，才能真正与科学技术高速发展的社会交融联动、融为一体。正是基于这种思考，用"大学聚落"来诠释大学，似乎与当前形势更加贴切些，更能体现它与整个社会脉搏的跳动息息相关。

　　本书系统地论说聚落、大学聚落的基本概念，大学聚落的特征，大学聚落的设计原理，大学聚落的设计方法建构等，并进一步从宏观的城市层面、中观的校区规划层面、微观的建筑层面，系统地提出相关设计方法，力图将大学建设成"开放、联动、创新、绿色、智能"的人居环境，使得大学不仅能成为广大师生聚居、学习、生活的地方，更能产生先进的科技成果、优秀的人才和高质量的资源，围绕大学"聚"而来之、"聚"而用之、"聚"而研之、"聚"而创之。

　　本书是以笔者的博士论文为基础，并参考国内外相关文献编著的。大学聚落文化底蕴深厚，涵盖内容丰富，难以详加论述，加之本人才疏学浅，书中不当之处在所难免，恳请读者批评指正。

　　笔者的博士论文是在恩师何镜堂院士的指导下完成的，在此深表感谢！

2017 年 3 月

目 录

1　概　论

1.1　聚落的概念

聚落，简而言之，就是人类聚居的地方。也即人们居住、生活、休息和进行各种社会活动的场所。它不仅包括人们居住的房屋建筑，还包括房屋建筑周围的自然环境，相关的生活与生产设施等。[1] 总之，聚落是人类各种形式聚居地的总称，而聚落的起源，则可以追溯到远古时期。

1.1.1　聚落的起源

早期的原始人靠采集、狩猎或捕捞为生，或洞居，或巢居，或穴居，四处游走、居无定所。《韩非子·五蠹》记载："上古之世，人民少而禽兽众，人民不胜禽兽虫蛇。有圣人作，构木为巢，以避群害。"《庄子·杂篇·盗跖》记载："古者禽兽多而人少，于是民皆巢居以避之。昼拾橡栗，暮栖木上。"

又如，考古记载，在位于北京周口店的北京猿人遗址中，发现了大约 50 万年前的拥有各种石器、动物化石的洞穴，也是原始人穴居时给我们留下的历史印迹。但是，这种极其原始的居所，还不能称之为聚落。

随着历史的不断发展，人们慢慢懂得只有聚居在一起，才能共同抵御狂野的自然环境和凶猛野兽的侵袭，原始的聚落因而也就逐渐形成。例如，新石器时代，由于畜牧业部落与农业部落分离，从事农业生产的部落慢慢稳定下来，产生了早期的以农业为主的固定居住地，如半坡遗址、姜寨遗址等[2]，这些便是相对稳定的、按照氏族血缘关系聚集在一起的原始聚落。

随着农业的不断发展，聚落的规模越来越大，成员之间的关系也越来越复杂，出现了专门从事手工业的人群。这些人群常常会集聚在交通便利的地带，将自己生产的手工业产品与农业产品进行交换，这种集聚地点，就是早期城市聚落的雏形。随着商品交换的进一步发展，造就了商人群体，商业从农业、手工业中分离，人类社会完成第三次大分工。正是因为人类社会的第三次大分工，产生了早期的城市聚落。

---

①金其铭. 聚落地理 [M]. 南京：南京师范大学出版社，1984.
②钱耀鹏. 关于半坡遗址的环壕与哨所——半坡聚落形态考察之一 [J]. 考古，1998（2）：45-52.

从以上叙述可以看出，聚集、群居是人的天性，是人类生存、发展的必然结果。《荀子·王制》记载，"人能群，彼不能也"，说的是人要生存、要战胜自然，必须要能"群"居，必须过一种集体的、社会的生活。正是在这种为生存不断斗争的过程中，乡村聚落、城市聚落依次而起，并随着人类历史的进步不断得以发展、壮大。

1.1.2 聚落的分类

大到区域、城市，小到乡村、院落，它们彼此之间所构成的整体环境均可以称作聚落，对于如此广义的概念，必然涉及一个分类的问题。关于聚落的分类，学术领域有若干不同的看法，除了城市规划、建筑领域的分类方法之外，地理学、人类聚居学、联合国《人居议程》等都提出了不同的观点。

在建筑规划专业领域，《城市规划原理》中指出："聚落因其基本职能和结构特点及所处地域的不同，基本被分为城市聚落与乡村聚落。"乡村聚落，是相对于城市聚落而言的，了解乡村聚落首先要了解城市聚落的范畴。在我国，市域的划分及行政建制有如下特点：一个是从地域上看，包括直辖市、省（自治区）辖设区市、不设区市（或自治州辖市）；另一个是从行政级别上看，又分为省级、副省级、地级、县级四个等级。除此之外，以农业人口为主的村庄和自然集镇，均可称为乡村聚落。此外，根据空间组合、种类组合、数量组合等要素的影响，聚落会形成不同层级的聚落景观，如小村（hamlets）、村落（villages）、小城镇（small towns）、城市（cities）、大城市区（metropolitan areas）等（图1-1）。目前，世界上有50%的人口生活在城市里面，在发达国家里，这一比率甚至超过了80%。由此可知，城市聚落最根本的特点就是人口集聚。

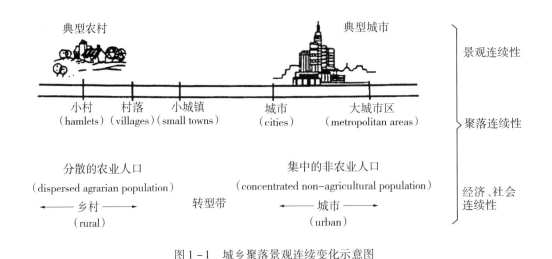

图1-1 城乡聚落景观连续变化示意图

（来源：张小林. 乡村空间系统及其演变研究 [M]. 南京：南京师范大学出版社，1999：26.）

除了建筑规划专业领域外，地理学、人类聚居学等也有相关论述。

高等教育出版社出版的教材《人文地理学》中，第十章"聚落与地理"指出："聚落是人类各种形式的聚居场所 …… 聚落分为乡村和城市两大类。"[①] 不过，欧洲的专家有着不同的看法。法国索尔（Max Sorre）著的《人文地理学基础》（1952）一书中，把聚落分为"农村聚落、城市聚落、从农村到城市的聚落"三部分。德国施瓦茨（G. Schwarz）在《聚落地理学概论》中，也将聚落分为"农村聚落、城市聚落、类似城市的聚落"三部分[②]，这些专家比较注重城市与农村之间的过渡地带，专门将其分为一类。

在 20 世纪 90 年代，联合国《人居议程（*The Habitat Agenda*，1996）》提出乡村和城市是聚落发展连续体的两端（吴映梅，2000），与西方地理学专家的观点相类似。

在人类聚居学领域，对于人类聚落的描述则更加细密：人类学家道萨迪亚斯按照聚居规模的大小，把人类的聚居地分成了 15 个层级，即人体、房间、住所、住宅组团、小型邻里、邻里、小城镇、城市、中等城市、大城市、小域城市连绵区、城市连绵区、小型城市州、城市州、普世城，并对每个层级的聚居系统都给予了量化的描述（表 1-1）。

表 1-1　人类聚居的 15 级层次单位

聚居单元	1	2	3	4	5	6	7	8	9	10	11	12	13	14	15
社区等级			I	II	III	IV	V	VI	VII	VIII	IX	X	XI	XII
活动范围	a	b	c	d	e	f	g	A	B	C	D	E	F	G	H
人口数量范围			3~15	15~100	100~750	750~5000	5000~30000	30000~0.2M	0.2M~1.5M	1.5M~10M	10M~75M	75M~500M	500M~3000M	3000M~200000M	200000M以上
单元名称	人体	房间	住所	住宅组团	小型邻里	邻里	小城镇	城市	中等城市	大城市	小城市连绵区	城市连绵区	小型城市州	城市州	普世城
聚居人口	1	2	5	40	250	1500	9000	75000	500000	4M	25M	150M	1000M	7500M	50000M

（来源：吴良镛. 人居环境科学导论 [M]. 北京：中国建筑工业出版社，2001：230.）

1.1.3　聚落的发展

在人类漫长的历史长河中，聚落经历了从简单到复杂、从低级到高级的发展历程。

①王恩涌，等. 人文地理学 [M]. 北京：高等教育出版社，2000.
②金其铭. 聚落地理 [M]. 南京：南京师范大学出版社，1984：46.

从原始人的定居点，到村落、小城镇，再到高楼林立的城市、连绵的都市带，仿佛有一种无形的力量推动着人类聚落不断发展，促使人们不断创造和改变着聚居环境。那么，影响聚落形成、发展的主要动因是什么呢？城市作为人类聚居地发展到具有一定社会形态的阶段，其未来发展的趋势又是怎样的呢？

通过审视聚落的起源，可以发现"集聚"是人类的本能。最初的原始人正是为了能更好地生存，集聚而居，形成原始的聚落，然后逐步发展成村落、城市。所以，促使人类"集聚"的动因，是值得关注的问题。其实，人们聚居在一起的动因，归根结底就是为了生存得更好，为了创造出更好的生活和工作环境，这是人类发展的基本规律，也可以说是"永恒的主题"。① 古希腊哲学家亚里士多德说过，"人们为了生活，聚集于城市；为了生活得更好，留居于城市。"②

人类为了追求更好的生活，不断地从乡村迁往城市。大量的人口向城市集聚，促使建筑、财富、信息、设施等高度集中，城市规模不断膨胀；反过来，不断膨胀的城市，又带来许多新的经济发展机遇，从而促使人口不断向城市迁移，城市规模不断扩大。据统计，20 世纪初，全世界只有 13%～14% 的人口（约 2.2 亿人）住在城市，到 20 世纪末，城市（包括城市化地区）人口已经占到全球人口的 50%，总量约 30 亿。③ 我国的城市建设，经过近 40 年的高速发展，也取得了巨大的成就，城镇化率由 1978 年的 18%，增长到 2014 年的 54.77%，城镇常住人口已达到 7.49 亿。如今，工业化、城市化、全球化、信息化和市场化交织在一起，这些将深刻影响城市的发展。对于我国城市的未来发展趋势，建筑规划学界也进行了深入的探讨。

（1）未来将越来越重视城市发展与自然环境之间的协调。《改革开放以来我国人居环境理论研究进展》（祁新华、毛蒋兴等，2006）提到，要非常重视人居环境中的生态化趋势，这对中国尤为重要。当今城市环境"局部改善、整体恶化"。用生态理论建设与管理城市的观念，值得广泛关注。王如松、黄光宇、沈清基等一批专家对此提出了许多真知灼见，提出经济、社会、自然共同协调发展的原则。

（2）未来将越来越重视高科技新技术对城市的影响。《中国城市发展新趋势》（顾朝林，2006）中提到，全球化、信息化导致全球城市发展趋势的变革，学习—互动—创新、数据—信息—知识—个性化、信息密集区群集（cluster）效益、全球产业链、科技创新与孵化成为城市发展的着眼点。一方面，社会发展越来越注重知识的重要性，而知识型社会也促使城市向学习型方向发展，城市成为专业知识和创新的发生器；另一方面，城市中知识创新、商业活动、信息交流越来越集中，知识经济和文化经济在城市空间中一次次地植入，打破城市空间，城市中各区域的边界越来越模糊，走向更加紧密的融合。《"十三五"时期城市发展态势和规划变革思考》（于涛方，2016）一文提到，城市发展要突出"创新、协调、绿色、开放、共享"五大发展理念（见 2015

---

①③邹德慈. 从人居环境科学的高度重新认识城乡规划 [J]. 城市规划，2002（7）：9－10.

②亚里士多德. 政治学 [M]. 北京：商务印书馆，1965.

年《中共中央关于制定国民经济和社会发展第十三个五年计划的建议》），可见创新、开放、共享等理念已经成为未来中国城市的主要特征、城市发展的必走之路。

（3）未来将越来越重视对城市历史、文化的传承与发展。吴良镛先生在《人居环境科学的人文思考》（2003）一文中指出，人居环境不能失去人文精神。高品质的城市聚落环境，不仅要满足人的生理需求，更要满足人的精神需求，从而实现城市历史、人文、社会、环境的高度统一。

聚落的发展趋势，给大学聚落的概念也带来不少启示。大学聚落作为城市聚落中一个特殊的组成部分，也需从"聚"的角度把握其形成发展的内在动因。大学聚落中的广大师生群体，都有不断追求美好生活环境的愿望，这就促使大学聚落要不断发展，不仅要有整体优美的自然环境、浓郁深厚的文化底蕴，更要有开放、充满活力、联动的姿态，以不断适应创新学习型城市、信息化网络化社会的发展趋势。

1.2　大学的起源与发展

"现代大学源于中世纪大学（the medieval universities）"。[①]所以，真正现代意义上的大学，从其诞生到现在已有近一千年的历史。在前 800 年的时间里，欧洲城市中的大学占着主导地位；后 200 年，美国大学对世界产生了巨大的影响。早期的大学通常是随着城市的发展而发展的，如同一个生命体一样逐渐成长，随着几百年，甚至近千年的累积，它们往往与周边的社区很好地融合在了一起。例如，1207 年剑桥大学建立之初，剑桥镇居民仅有 530 户；而经过近千年的发展，剑桥镇已经成为拥有 31 所学院、10 万余人的大学城镇。而当代的大学建设，受到工业化时期功能分区规划的影响，通常来自于短期的"整体规划"，规划时间短、建设速度快、功能分区明确，有固定的"围墙"划定特定的范围，独立存在于城市内部或郊区，大学与周边社区在空间上的融合度不够。在当今工业化、信息化、市场化、全球化、知识经济等多种因素交织而产生的冲击下，社会大众强烈呼吁与大学的融合、联动，大学如何突破"围墙"的束缚，加强与周边城市社区的互动，把握未来发展趋势，值得我们深思。

纵观大学发展历史，那些与周边城市融合度高、开放度高、社区化明显的大学往往具有更好的生命力，更能成为城市活力的保证、城市文化的重要支点，以及城市经济发展的动力。这种与城市共生共荣的大学，正是"大学聚落"。笔者认为，大学校园作为城市中文明生活的缩影，应该走向"开放、联动、创新、绿色、智能"的聚居环境，即"大学聚落"。

---

①贺国庆. 中世纪大学和现代大学 ［J］. 河北师范大学学报（教育科学版），2004（2）：22 – 28.

下面简要回顾一下大学的发展历程，从历史发展中寻求大学的发展脉络、学术精神、发展动力，从而提高对大学聚落的认识。

1.2.1 西方大学发展历程简述

1. 欧洲中世纪的大学

传统的教育史，一般将大学的发展分为三个阶段：①从大学创办到第一次工业革命以前，该阶段为高等教育的第一阶段；②从第一次工业革命到20世纪上半叶，该阶段为高等教育的第二阶段；③从第二次世界大战结束至今，该阶段为高等教育的第三阶段。这种分类方法有一定的道理，但是不太全面。[①]

其实，高等教育的萌芽是很早的，从人类高等教育的萌芽来看，可以追溯到数千年前。如埃及的海利欧普里斯大寺、印度的塔克萨西拉大学和纳兰坨寺、中国的太学、希腊的柏拉图学园，都是名副其实的高等教育机构。不过，尽管古代埃及、印度、中国等都是高等教育的发源地，尽管古希腊、罗马、拜占庭、阿拉伯等建立了相对完善的高等教育体制，但是严格地说，这些都不能算作真正意义上的大学。那么，什么才是真正意义上的大学呢？

一般来说，大学是拉丁文"universitas"的缩写，专指12世纪末期西欧出现的一种高等教育机构。这些机构往往拥有系（faculty）和学院（college），开设课程、雇佣教学人员、组织考试、发放文凭等，可以说大学起源于12世纪的欧洲。

中世纪欧洲最早的大学在何时诞生，很难精准确定。史学家一般认为，中世纪的大学最早出现在巴黎和博洛尼亚[②③]，它们分别代表了中世纪大学的两种组织形式，即巴黎大学的"教师型大学"，以及博洛尼亚大学的"学生型大学"（是由部分学生管理的），它们是中世纪大学的典型代表。例如法国的巴黎大学，它有巨大的影响力，前身是索邦神学院（Sorbonne）（图1-2）。该神学院由神父Robert de Sorbon创办，它位于巴黎塞纳河上的西堤岛（l'Ile de la Cité），1253年在圣杰内芙耶芙（Sainte Geneviève）山丘上成立。[④] 随后，索邦神学院逐步发展壮大，形成巴黎大学。在中世纪，英国、德国、丹麦、瑞典等国都以巴黎大学为典范，奉行它的管理模式。[⑤] 美国威尔·杜兰的《世界文明史·信仰的时代》（下卷）提到："自亚里士多德以来，没有一个教育机构能够与巴黎大学造成的影响相比。"法国雅克·勒戈夫的《中世纪的知识分子》中描述："巴黎就像雅典，分成三部分：第一，商人、手工业者和普通百姓，名为大城；第二，宫廷周围的贵族和大教堂，名为旧城；第三，大学生和教员们，名为大学。"可

①滕大春. 外国教育史和外国教育 [M]. 保定：河北大学出版社，1994：2.
②宋文红. 欧洲中世纪大学：历史描述与分析 [D]. 武汉：华中科技大学，2005.
③袁礼. 象牙塔与对中世纪大学的误解 [J]. 重庆高教研究，2015（1）：47-51.
④见百度词条"索邦大学"。
⑤郭敏. 中世纪欧洲大学研究 [J]. 安徽文学（下半月），2009（2）：293.

见，当时大学在城市中的影响力。

除了上述两所大学，意大利南部的撒米诺大学（Salerno University）、英国中世纪的牛津大学（University of Oxford）和剑桥大学（University of Cambridge），也是著名的大学。建于 1168 年的牛津大学至今已有 800 多年的历史。据历史资料记载，英王亨利二世于 1167 年发布了禁止英国学生入读巴黎大学的禁令，导致一批学术渊博之士被迫迁居牛津小镇，并把这里发展成为英国经院哲学教学和研究的中心，逐渐形成了今日的牛津大学城（图 1 - 3）。牛津大学的第一任校长是罗伯特·格罗斯泰斯特（Robert Grosstester，1175—1253）。1209 年，牛津的学生在练习射箭时误杀了一名镇上的妇女，引起市民抗议的骚乱，许多师生逃到剑桥小镇，随后创建了剑桥大学（图 1 - 4），并于 1218 年得到了英王亨利三世的认可。英国的牛津大学、剑桥大学经过几百年的发展，逐渐形成具有一定规模的大学城镇。

图 1 - 2　1253 年的索邦神学院（Sorbonne）

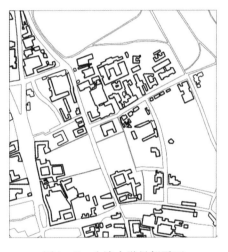

图 1 - 3　牛津大学局部平面

1. 大学中心　　　　　　　2. 彼得豪斯学院
3. 彭布罗克学院　　　　　4. 圣凯瑟琳学院
5. 圣体学院　　　　　　　6. 国王学院

图 1 - 4　剑桥大学局部平面及几个代表学院分布

（来源：华南理工大学建筑设计研究院工作一室整理）

中世纪的大学最初是单科设置的，如巴黎大学专修神学、博洛尼亚大学专修法学、撒米诺大学专修医学。不过，随着时间的推移，这些大学开始分设文、法、医、神四科，分别教授学生。受宗教的影响，中世纪的大学神学性质很强，神学处于支配地位；不过，在实际的教学过程中，大学的课程又充满实用主义的色彩，神学的吸引力最小，而法学、医学等课程受到广大学生的青睐。可见，中世纪大学从一开始就拥有与社会实践联系的实用主义色彩。

中世纪大学的学院也值得注意，学院最初起源于大学附近为贫穷学生提供住宿的机构。后来，随着学生规模的扩大，这些住宿机构逐渐引发出教学的功能，从而慢慢转变为学院。例如，13 世纪法国巴黎大学设立了 14 所学院，14 世纪设立了 36 所，15 世纪设立了 12 所。在欧洲大陆，这些学院逐渐被大学吸收兼并，所剩无几。而在英国，类似这样的学院得以完整保存下来，并发展壮大，成为控制大学的教学机构，并在教学中发挥着巨大的作用，大学的教学开始逐渐分散到各个学院之中，形成比较分散的大学模式。

总体来看，中世纪的西方大学还处于大学的初期阶段，它不仅强调学术自由、大学自治，也强调与社会结合的职业性与实用性，同时也有明显的宗教、神学特性。中世纪大学的兴起，具有深远的意义，它对于推动人类文明的进步、推动科学与知识的发展起到了重大的积极作用。大学的产生，不仅造就了一批师生群体（据考证占当时欧洲城市人口的 5%～20%），而且活跃了城市的思想文化活动，促进了城市的发展和繁荣。英国学者科班（Alan B. Cobban）在 *The Medieval Universities：Their Development and Organization* 中写道："中世纪大学培养的毕业生既能胜任专门化的职业工作，又是社会有用的成员，他们构成了中世纪社会劳动的精英。"

2. 近代的大学

（1）18～19 世纪西方大学的教育理念及空间演化

a）18～19 世纪西方的两种教育理念

自中世纪大学出现以来，历史在不断发展，社会进入新的时期，工业革命、经济发展、思想变革带来的一系列影响，促使高等教育的思想也发生变革。而高等教育思想的变革，也促进了大学发展的变革。《近代初期欧洲古典大学的衰落及其原因初探》（朱国仁，1994）一文提到，欧洲中世纪大学在最后的 300 年中一度衰落，成为代表腐朽势力的宗教神学院，已经不符合当时的生产力发展。该时期欧洲已经走出黑暗的中世纪，迈向文艺复兴的新阶段。城市工业、商业、医药、建筑等产业的发展，呼唤大学与城市建立联系。古老、封闭、远离城市大众、以英国纽曼为代表的"象牙塔式"高等教育思想，越来越受到挑战。相反，在欧洲大陆，以德国（当时是普鲁士）洪堡大学为代表倡导的"教学与科研相统一"的高等教育思想，则越来越受到社会青睐。同时，远在美洲大陆的美国大学，也受到工业革命的冲击，它们也接受了洪堡教学思想的影响，康奈尔大学、密歇根大学等都强调"大学要忠实地为社会服务"，这与英国纽曼的"精英教育"大相径庭。可见，欧美大陆的高等教育思潮，已经由中世纪较为传统的、崇尚神学的精英教育，转向面向社会的大众教育。下面对洪堡与纽曼的两种教育理念做简要介绍。

关于洪堡的教育理念：1810 年 10 月 6 日，普鲁士教育大臣洪堡在柏林建立柏林大学①，并根据新人文主义的思想，确立了新大学的办学主旨和办学方向。这与中世纪的大学相差很大，对后世大学的教育理念影响深远。② 洪堡主张，国家不应仅仅指望大学直接服务政府的眼前利益，而应相信大学具有更加广泛的使命，应提倡学术自由，促使大学在学术上不断进取。由此可见，洪堡的学术自由思想在当时还是比较前卫的。弗·鲍尔生的看法是："柏林大学是新型大学的代表，它的根本思想是：大学最主要的原则是尊重自由的学术研究。18 世纪的大学已经显露出这种趋势，哈勒和哥廷根大学就是带头朝着这个方向发展的。"其次，洪堡强调教学与研究相结合，柏林大学中常见的教学方式有"教学与科研研讨班相结合的方式"，以及"教学与科研实验室相结合的方式"，强调科学研究才能培养出真正的人才。③ 德国对其他国家高等教育，尤其是研究生教育产生的最重大的影响，主要体现在教学的理念上，而不是体现在形式上。其他国家虽然不会因袭墨守德国的办学形式，但却必须遵守德国的办学理念。④

关于纽曼的教育理念：除了欧洲大陆的洪堡之外，英伦三岛的教育家纽曼，则提出了不同的大学教育理念。从时间上看，最早对中世纪大学职能进行精辟描述的首推牛津大学学者纽曼，他可以说是精英教育的代表人物。⑤ 作为 19 世纪的高等教育思想家，纽曼是大学"单一职能"论的信奉者。1852 年，他在《大学的理想》（*The Idea of a University*）一书中系统阐述了当时牛津大学的思想。纽曼认为，大学是"一个传授所有知识的场所"，是远离社会的"象牙塔"，大学是为教学而设，为学生而设。大学应该是一个提供自由教育（liberal education）、完整的知识，而不是狭隘的专门化教育的地方。大学的目的在于"传授"学问而不在于"发展"知识。大学的教育要达到提高社会理智格调、培养大众的心智等目的，这种思想与洪堡的思想有很大的区别。

b）18～19 世纪西方大学空间演化

这里讨论的空间演化包含两方面的内容，一是大学建筑空间形式的演变；另一个是大学在城市中布局方式的演变。

首先，18～19 世纪西方大学建筑空间形式的演变，就是逐渐打破原有的庭院式空

---

①又称洪堡大学：Humboldt-Universität zu Berlin/ Humboldt University.

②弗·鲍尔生. 德国教育史［M］. 滕大春，译. 北京：人民教育出版社，1986：126.

③方彤. 略论 19 世纪德国研究生教育的诞生、发展、影响［J］. 河北师范大学学报（教育科学版），2003，5（6）：34－41.

④平森. 德国近现代史［M］. 范德一，译. 北京：商务印书馆，1987.

⑤刘宝存. 大学理念的传统与变革［M］. 北京：教育科学出版社，2004.

间形式的过程。在中世纪，大学的建筑基本上是由若干房间围合的封闭庭院，是一个四四方方的院子，里面有教堂、大厅、餐厅、课室、研究室、办公楼、宿舍等。教学活动基本位于封闭的庭院中，师生成为远离城市的修行者，大学成为服务社会少数精英的"象牙塔"。而到了18～19世纪，随着生产力的发展，这种封闭的院落越来越不适应社会的发展。在大学教育思想追寻大众化、服务化、城市化、开放化的驱动下，校园逐渐走向开放，这种变化在土地广阔的美国表现得尤为明显。例如，1810年美国教育家杰弗逊就主张建设新型校园，打破封闭的方形院落，构建了尺度巨大、开敞宽阔、平面呈现"U"形的学术村。这种空间形式与以往的大学迥然不同。

其次，18～19世纪西方大学在城市中的布局方式，也逐渐由单个封闭庭院，演变成与城市街道紧密联系的"散落式"布局方式。这种大学平面比较自由，校园与城市空间相融合，成为城市的有机组成部分。例如，英国的伦敦大学、德国的柏林大学（图1-5）及海德堡大学（图1-6）和美国的哈佛大学（图1-7）、纽约大学等均是这样的例子。这种自由散落的布局状态，往往经过长年的发展慢慢形成，并与城市的发展紧密联系在一起，呈现动态发展的特点。例

图1-5　柏林大学

（来源：华南理工大学建筑设计研究院工作一室整理）

如，美国著名的哈佛大学，经过300多年的发展，由一个小镇逐步形成规模巨大的大学聚落，充分体现了其动态发展过程。大学沿着查尔斯河畔展开，再逐渐向市内延伸，布局自由散落。哈佛大学建于1636年，比美国作为独立国家的建立时间，几乎要早一个半世纪，是美国最古老的"九所学校"之一。据考证，早期移居美洲的英国清教徒，为了子孙后代的幸福，仿效英国剑桥大学的模式，在马萨诸塞州的查尔斯河畔建立了这所高等学校，始称剑桥学院。随后逐渐兴起的小镇，从此亦称剑桥，中文译名为坎布里奇。1639年，学校为了永久纪念学校创办人之一的约翰·哈佛，更名为哈佛学院。1780年，哈佛学院被马萨诸塞州议会破格升为哈佛大学，从此一直沿用至今。该校是一所私立大学，全校共设有13个学院，校园环境非常优美，古老的建筑掩映在郁郁葱葱的绿树丛林之中，让人心旷神怡。

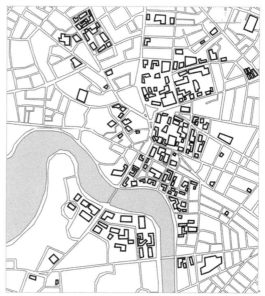

图 1-6　德国海德堡大学布局　　　　　　　　图 1-7　哈佛大学

(以上两图来源：华南理工大学建筑设计研究院工作一室整理)

　　第三，19 世纪美国的"田园"大学，是值得关注的。该种大学环境优美、用地宽广，其空间形式完全不同于欧洲封闭的庭院，建筑比较分散，尺度也比较大。这一期间建立的大学，如哈佛大学、耶鲁大学、普林斯顿大学、哥伦比亚大学等，都成为当今世界著名的高校。其实，19 世纪是美国社会发展的关键时期。[1] 从 1636 年哈佛学院建立，到 1776 年美国独立战争的 140 年中，美国建立了 9 所大学（表 1-2）。这些学校和当时的教堂一起，往往成为城镇的中心，学校也多为教会所有。此后，随着产业革命、西部开发、资本主义经济快速发展[2]，美国高等教育也进入高速发展时期。南北战争后，美国进入高等教育史上著名的大学时代。美国大学在建立之初，城市的发展是有限的，大学自身拥有广阔的土地。大学建筑散落的地区，拥有良好的自然环境和浓厚的乡村气息。美国大学沿用的"campus"一词，最初的拉丁文也是"田地"（field）的意思。在新的田地里，美国人放弃了欧洲传统的封闭式校园空间，将建筑分布在广阔的土地上，摒弃修道院式的方庭，面对开放、扩展的殖民心态，大学的空间就显得松散多了。[3]

①贺国庆，王宝星，朱文富，等. 外国高等教育史［M］. 北京：人民教育出版社，2003：269.
②张健. 欧美大学规划历程初探［D］. 重庆：重庆大学，2004.
③江乐兴. 德国柏林自由大学［J］. 21 世纪，2008（12）：48-49.

表 1 - 2　美国九所老大学

次序	成立时间	原来名称	今　名	地　点	教派名称	首次授予学位年代
1	1636	哈佛学院	哈佛大学	马萨诸塞	加尔文派	1642
2	1693	威廉·玛丽学院	威廉·玛丽学院	弗吉尼亚	圣公会	1700
3	1701	耶鲁学院	耶鲁大学	康涅狄格	公理会	1702
4	1746	新泽西学院	普林斯顿大学	新泽西	长老会	1748
5	1754	国王学院	哥伦比亚大学	纽约	圣公会	1758
6	1755	费城学院	宾夕法尼亚大学	宾夕法尼亚		1757
7	1764	罗得岛学院	布朗大学	罗得岛	浸礼会	1769
8	1766	皇后学院	拉特格斯大学	新泽西	归正会	1774
9	1769	达特茅斯学院	达特茅斯学院	新罕布什尔	公理会	1771

资料来源：贺国庆，王宝星，朱文富，等. 外国高等教育史 [M]. 北京：人民教育出版社，2003：269.

（2）20 世纪大学理念及空间演化

a）20 世纪西方高等教育理念

20 世纪，西方进入剧烈的变革时代。在这样的时代背景下，牛津、剑桥这样的历史名校也在不断地进行改革，以适应时代的发展。此外，由于人口的急剧增长，英国掀起了"独立大学运动"，兴建了一批不同于牛津、剑桥的红砖大学（red brick university）。独立大学运动开创了英国高等教育史的一个新时代，它不仅使得高等教育院校的数量大增，同时教育的对象也广泛起来，打破了上层社会垄断高等教育的局面。

同时期，美国高等教育方兴未艾，稳步发展，其中"威斯康星理念"与弗莱克斯纳以及赫钦斯的大学理念比较受人们关注。威斯康星大学提出的办学理念，强调"教学、科研和服务都是大学的职能"，受到社会的广泛关注，"威斯康星理念"一时声名鹊起，就连一些研究型大学也开始效仿其做法。不过，由于美国大学过于强调实用主义、功利主义，造成教学、科研偏向应用，与传统的学术性和研究性的理念发生严重冲突。在这样的背景下，许多教育学家站出来对所谓的低水平教育给予抨击，比较有代表性的是赫钦斯、弗莱克斯纳等人。赫钦斯（R. M. Hutchins，1899—1977）的《美国高等教育》（1936），以及弗莱克斯纳（Abraham Flexner，1866—1959）的《美国、英国、德国的大学》，一致指出大学太过功利、实用，提出"大学是灯塔，不是镜子"，大学应该是学术研究的先导。

除此之外，著名教育家科尔提出多元巨型化大学的理念。科尔是美国最负盛名的教育家，被美国教育界视为高等教育改革的设计师。他在 1963 年出版的《大学的功用》（*The Use of the University*）中讲到，当今大学已从社会经济的边缘，走向社会经济的中心，是"多元化社会中的多元化大学"，也就是巨型化大学的理念。科尔指出：

"多元巨型化大学是一个不固定的、统一的机构。它不是一个社群，而是若干个社群——本科生社群和研究生社群、人文主义者社群、社会科学家和自然科学家社群、专业学院社群、一切非学术人员社群、管理者社群。"

b）20 世纪西方大学校园的空间演化

随着大学办学理念的变化，大学空间也发生了不少新变化。20 世纪初期建筑设计思想发生很大转变，现代主义理念逐渐进入建筑设计者的视野。大学校园的空间布局也逐渐摆脱传统的无序自由的倾向，逐步走向规整化，校园的功能分区也逐渐出现比较明确的、有意识的提法。一方面，自由多变的校园布局仍在延续；另一方面，趋向规整化、功能分区化的校园布局，越来越占据主导位置。

美院学派规划思想的影响：19 世纪末（1893）芝加哥博览会上，巴黎向世界展示了"美艺"设计，让美国建筑界很受震撼，美国建筑界由此开始真正探寻建筑的艺术化问题。20 世纪初期，由于受巴黎美术学院的"美院学派"规划的影响，在规划上强调几何、秩序的思想，一度在美国风靡。

20 世纪初期演变成熟的弗吉尼亚学术村，就是其中的典范，有人称之为"杰弗逊复兴"。美艺学派强调"轴线、对称、几何式的布局、纪念性场所的布置"的空间设计手法，促使大学由自由的布局形式走向规整化的布局形式，这种思想一度被多所大学青睐。相同时期的 Olmsted 式的自由布局校园，虽然影响巨大，但也受到了挑战。美国这一阶段，以"弗吉尼亚学术村"为代表的风格和 Frederick Law Olmsted 式的"自由布局校园"，是两种典型的校园建筑空间布局方式，在当时非常具有代表性。

弗吉尼亚大学学术村（图 1-8）位于美国弗吉尼亚州中部的夏洛茨维尔（Charlottesville）市，是美国第三任总统杰弗逊（Thomas Jefferson）初步创立的一所公立大学，它属于村落式"学院社区"。在设计中，杰弗逊将社区的概念引入大学之中，把讲堂、宿舍、食堂、图书馆分离成为灵活分散的小建筑。《从弗吉尼亚大学看美国高校的教

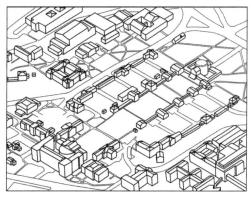

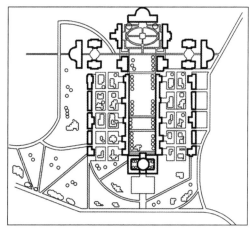

图 1-8 弗吉尼亚学术村轴测图与平面
（来源：华南理工大学建筑设计研究院工作一室整理）

育环境》（马瑜，2005）一文中有这样的描述："杰弗逊的'学术村'由三部分组成：北面是该大学的标志性建筑——圆顶大楼，其创意来自意大利罗马的圆顶万神庙；东西两边平行相对着五栋由柱廊通道和学生宿舍连接在一起的亭台楼阁；中间是一块开阔宽敞的大草坪；每栋亭台阁楼的后面是杰弗逊精心设计的花园，栽种着各种各样的花卉和树木。在这个幽静的地方，时常有学生们学习和交谈的身影，成为学校一道靓丽的风景线。'学术村'证明，杰弗逊不愧是一个才华横溢的建筑家和心灵手巧的园艺家。亭台楼阁、学生宿舍、胡同和花园浑然一体，均匀而又协调地与圆顶大楼连接在一起，体现了杰弗逊融古典美与现代美为一体的审美思想。"

Olmsted 的"自由布局校园"是另一种典型的校园布局方式。从1857 年到 1950 年近百年的时间里，Olmsted 及其设计师事务所共设计了255 所学院和校园，像著名的斯坦福大学校园、康奈尔大学校园、耶鲁大学校园、加州大学（图 1-9）伯克利分校校园均由他们设计。由于Olmsted 的景观园林风格，所以设计的校园布局比较灵活，将田园风光引入大学，大学的环境通常显得优雅灵动。[1]

图 1-9　加利福尼亚学院（加州大学前身）规划
（来源：华南理工大学建筑设计研究院工作一室整理）

功能分区校园的出现：1933 年国际建筑协会第四次会议提出《雅典宪章》，明确指出城市规划的功能主义观念，主张城市分为"居住、工作、休憩、交通"四个功能组成部分，《雅典宪章》提出的城市功能分区理念，影响城市规划达半个世纪之久。这种规划方法对校园影响很大，校园功能分区的思想在校园设计中逐步显现。美国建筑师 Stefanos Polyzoides 在《美国校园的营造》一文中指出，校园按照功能可以分为纪念区域、学院区域、试验区域、宿舍区域、辅助性区域，已经成为现代校园功能分区的思想雏形。建于 1919 年的包豪斯校舍（图 1-10），在建筑史上有重要地位，是现代主

---

[1]Frederick Law Olmsted 以其长达 30 多年的景观规划设计实践而被誉为美国园林之父。John Charles Olmsted 为 Olmsted 继子，美国景观规划设计师协会的第一任理事长，他继承并拓展了 Olmsted 的思想和业务，规划和设计了无数公园、公园系统、学校等，对城市形态和城市生活的品质影响很大。

义建筑的杰作。它在建筑功能上关系明确、方便实用；建筑体型纵横错落，变化丰富。[①] 建于 1942 年的伊利诺伊理工学院（图 1-11）新校园，建筑沿轴线呈对称布局，中心围绕广场布置，开敞空间由此向边缘扩散。设计师密斯确立了 7132 m×7132 m 的平面和 3166 m 高的模数作为基本单位，他以纯净毫无装饰的几何体，作为全部校园建筑的形象，并坚持永恒不变。

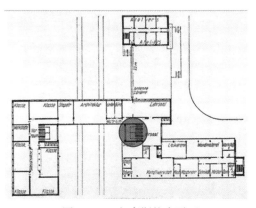

图 1-10　包豪斯校舍平面

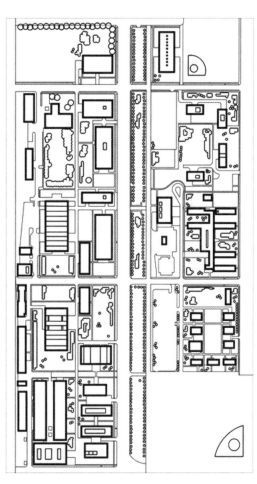

图 1-11　芝加哥伊利诺伊理工学院平面
（来源：华南理工大学建筑设计研究院工作一室整理）

第二次世界大战以后，校园空间变得更加复杂化：首先表现在空间结构多元、功能多元。战后的大学规模增大、功能齐全，与社会、经济、文化的发展联系更加紧密。这直接导致大学走向复杂化、综合化。其次，城市区位选址多元，郊区与城区并举。

---

①包豪斯是德国魏玛市的"公立包豪斯学校"（Staatliches Bauhaus）的简称，后改称"设计学院"（Hochschule fur Ge-staltung），习惯上仍沿称"包豪斯"。包豪斯是德语 Bauhaus 的译音，由德语 Hausbau（房屋建筑）一词倒置而成。

随着城市化进程的波动，也就是由城市中心，转到城市边缘，再回归到城市。第三，大学聚落设计思想需符合时代需求。大学的理念和设计方法，在世纪之交不断变换，并随着时代的进步而不断演进。当今，大学聚落设计将与城市经济、社会、文化、技术的发展更加紧密联系，与周边的城市互动更加频繁，对于城市周边地区的科技创新起到更好的带动作用。此外，其自身环境更加绿色环保，大学将与世界发展的进程息息相关。大学理念与设计方法，更加强调开放、联动、绿色、智能、创新的精神内核，从而形成符合现代高等教育理念、现代人才培养模式的设计理论。

1.2.2 中国大学发展历程简述

1. 近代

我国第一所真正意义上的大学成立于近代。建立于 1895 年的北洋大学堂（即今天的天津大学），堪称我国第一所正式的大学。根据 1909 年的统计资料，全国官立高等学校设置的情况为：大学——3 所，学生 749 人；省立高等学堂——23 所，学生 3963 人；高等专科学校——农科 5 所，学生 530 人，工科 7 所，学生 1136 人，商科 1 所，学生 24 人；特种学校——法科 47 所，学生 12282 人，文科 19 所，学生 2546 人，理科 3 所，学生 211 人，医科 8 所，学生 336 人，工艺 7 所，学生 485 人。因此严格来说，中国的大学只有 100 多年的历史，而且大体上沿用西方的模式。

由外国传教士建立的教会学校，带来了西方的校园规划思想。这些学校往往会聘请国外的设计师进行设计，如 1903 年的东吴大学（现苏州大学），1904 年的岭南大学，1917 年的金陵大学等。此后，西方设计者为了迎合中国人的传统理念，在校园规划中吸收了一些中国的传统思想：如亨利·墨菲（Henry K. Murphy）设计的清华大学校园规划（图 1 – 12）、金陵女子大学（现南京师范大学）校园规划和燕京大学（现北京大学）（图 1 – 13）校园规划等。

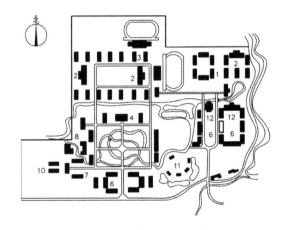

图 1 – 12　清华大学 1914 年规划

（来源：华南理工大学建筑设计研究院工作一室整理）

1912 年中国封建帝制被推翻，中国进入民主主义革命时期。高等教育逐渐与现代接轨，中国的大学开始蜕变。一方面，一批新的大学校园诞生了，如 1929 年的武汉大学校园；另一方面，一些老的学堂被改造为真正意义上的大学，例如，在京师大学堂的基础上，成立了我国第一所现代意义的大学——北京大学。这一时期，大量欧美留学人员学成归来，促使我国高等教育思

想的变革，也带来了许多西方的校园规
划设计理念。所以，20 世纪 20 年代的
大学校园规划，大多受欧美思想的影响。
这些优秀的建设人才，将东西方思想融
合在一起，强调轴线对称和以庭园、广
场为中心的布局模式，创造了这一时期
的校园形态。如杨廷宝先生设计的东北
大学、四川大学等均是中西结合的产物。

2. 中华人民共和国成立初期

中华人民共和国成立后沿用苏联模
式，高校建设经历了曲折的发展历程。
1951 年底，全国拥有高校 206 所，主要
分布在北京（21 所）、上海（27 所）、
天津（8 所）、江苏（12 所）、广东（12
所）、辽宁（15 所）及其他沿海地区的
大城市。由于历史原因，中西部仅四川
（25 所）和湖北（11 所）的高校较多，
高校分布严重不平衡，对中西部和偏远

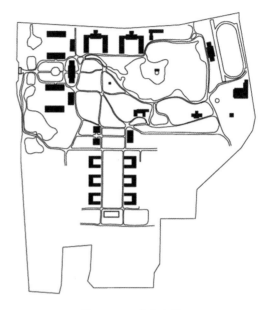

图 1-13　燕京大学

（来源：华南理工大学建筑设计研究院工作一室整理）

地区的经济和文化发展十分不利。经过几年的准备，从 1952 年秋起，中央教育部开始
对全国高等院校进行大规模的院系调整。

1949 年到 1957 年，是全面学习并对苏联教育模式进行移植的时期。在这一时期，
由于特定的国际、国内环境，在校园规划上，也形成全面学习苏联的形势。校园规划
平面布局强调对称，以教学主楼为正立面的教学区，正对着学校大门，并以教学主楼
或图书馆为中轴线的端点，两侧排布教学辅楼，在总体上形成网格式、规整对称的格
局。那一时期出现的华中工学院（现华中科技大学）、西安交通大学、北京钢铁学院
（现北京科技大学）等，均采用这种布局方式，很有代表性。

3. 改革开放至今

改革开放以来，中国社会处于高速发展与结构转型时期，不论从经济发展模式、
社会文化观念、科学技术等方面都有着很大的改变。中国的高等教育改革，同样伴
随着中国社会的变迁和社会转型而变化。1977 年恢复高考以来，我国高等教育规模不
断扩大，高等教育毛入学率由 1978 年的 1.56% 上升到 2002 年的 15%。20 世纪 90 年
代，特别是 1998 年后高校扩招，使得大学生在校规模迅速扩大，2002 年学生人数已达
903 万人。

随着经济的进一步发展，校园建设的规模逐步增大，并在世纪之交迎来高等教育
"井喷式"的高速发展阶段。国家关于"扩招、合并"的教育政策引发大学校园建设高

潮的到来，许多高校都不同程度地经历了扩大、调整、合并，以及改建、搬迁、新建的过程。2005 年各种形式的高等教育在校生总规模超过 2300 万人。普通高校也由 1991年的 1065 所，攀升到 2002 年的 1396 所，形成了学科门类齐全、培养层次完整、办学方式多元的高等教育体系。应该说，大学校园建设在世纪之交经历了高速发展阶段（图 1 – 14）。然而，大学校园高速发展的背后，也存在着一些问题。大学校园的发展是一种快速、粗放的增长方式，建设过程中"强调速度，忽视质量；贪大求全，影响综合效益"的现象经常出现，值得我们思考。随着建设高潮的逐渐回落，大学校园人居环境的完善、发展必将进入一个新的、重要的历史阶段。

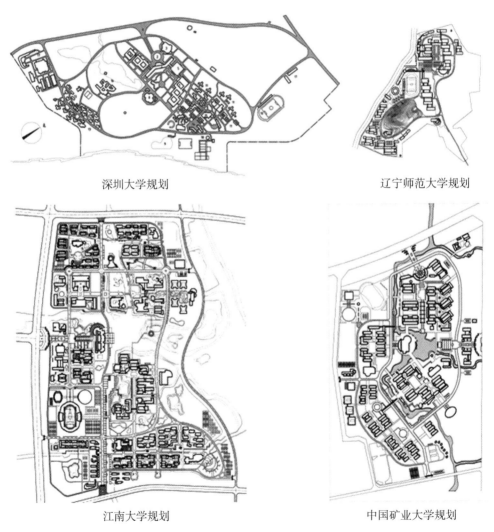

深圳大学规划　　　　　　　　　　　　　　　　辽宁师范大学规划

江南大学规划　　　　　　　　　　　　　　　　中国矿业大学规划

图 1 – 14　新时期大学校园规划

（来源：华南理工大学建筑设计研究院工作一室整理）

1.2.3　我国改革开放以来大学高峰期发展的设计特点

1. 新时期高校办学规模呈现快速增长趋势

为了适应社会经济发展的需要，我国高等院校从 1999 年开始实施扩招，当年扩大招生人数就达 55.1 万人，同比增长 42%。国家教育发展研究中心主任张力在上海举办的"2007 上海教育论坛"上透露："至 2010 年，我国高等教育毛入学率将达到 25%。"2015 年，教育部网站发布的《高等教育第三方评估报告》显示，至 2014 年，在校生规模达到 3559 万人，高校数量为 2824 所，高校毛入学率达到 37.5%。在 2016 年全国教育工作会议上获悉：至 2015 年，我国高等教育毛入学率已达到 40%。

图 1-15、表 1-3 显示了 1990—2008 年间我国内地普通高等院校数量与招生人数的变化情况。从图中可以看出，自 1999 年，进入了明显的高速发展阶段。

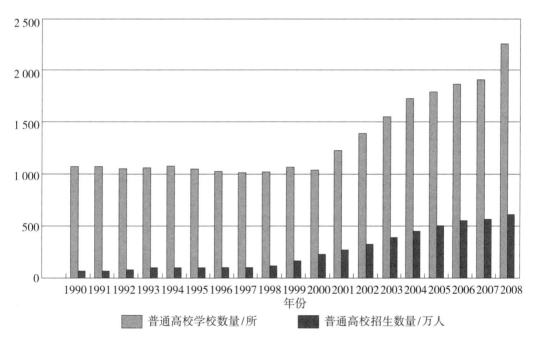

图 1-15　普通高校数量及招生人数变化图示

（来源：笔者整理）

表 1-3　1990—2008 年普通高校数量及招生人数变化

年份	1990	1991	1992	1993	1994	1995	1996	1997	1998	1999
普通高校（所）	1075	1075	1053	1065	1080	1054	1032	1020	1022	1071

年份	1990	1991	1992	1993	1994	1995	1996	1997	1998	1999
在校人数（万人）	206.3	204.4	218.4	253.6	279.9	290.6	302.1	317.4	340.9	413.4
招生人数（万人）	60.9	62.0	75.4	92.4	90.0	92.6	96.6	100.0	108.4	159.7

年份	2000	2001	2002	2003	2004	2005	2006	2007	2008	
普通高校（所）	1041	1225	1396	1552	1731	1792	1867	1908	2263	—
在校人数（万人）	556.1	719.1	903.4	1108.6	1335.5	1561.8	1738.8	1884.9	2021.0	—
招生人数（万人）	220.6	268.3	320.5	382.2	447.3	504.5	546.1	565.9	607.7	—

2. 新时期高校办学类型、办学模式呈现多样化趋势

在高校数量快速增长的同时，为了适应现代社会发展"高素质、创新型、复合型"人才的培养目标，高校办学类型、办学模式呈现多样化发展趋势。目前，我国高等教育体系从形式上可分为以下六种：普通高校、科研机构、本科院校、专科院校、成人高等院校和民办的其他高等教育机构（表1-4）。

表1-4 2008年内地高等教育学校（机构）数

	总计	中央部委			地方部门			民办
		合计	教育部	其他部委	合计	教育部门	非教育部门	
1. 研究生培养机构	796	374	73	301	422	359	63	—
普通高校	479	98	73	25	381	358	23	—
科研机构	317	276	—	276	41	1	40	—
2. 普通高校	2263	111	73	38	1514	859	655	638
本科院校	1079	106	73	33	604	533	71	369

	总计	中央部委			地方部门			民办
		合计	教育部	其他部委	合计	教育部门	非教育部门	
专科院校	1184	5	—	5	910	326	584	269
3．成人高等学校	400	14	1	13	384	159	225	2
4．民办的其他高等教育机构	866	—	—	—	—	—	—	866

3．高等教育理念的新发展

（1）大学职能的变化：大学的职能从过去"单纯地传授知识"转变为"教学、研究和社会服务"三者的综合体。新时期我国大学职能变化具体表现在：培养创新人才；强化基础性研究和应用型研究的有机结合；全方位地为社会服务；密切与国际教育、科研机构的交流与合作。

（2）教育内涵的变化：教育的内涵由过去注重专业技能的传授和培训转变为重视人才综合能力和整体素质的提高，培养具有创新能力的人才成为高等教育的主要任务。

（3）教育方式的变化：教育的方式从过去由教师对学生在课堂上单向的灌输转变为以学生为主体、注重师生间双向互动。教育的地点也从过去的课堂扩展到校园、社区等真实的日常生活环境之中。大学注重营造开放的学习环境，与社会各部门密切联系，建立产、学、研一体化合作机制，培养学生的科学研究能力和实践工作能力。

（4）办学方式的变化：办学方式倾向多元自主化、教育大众化、教育终身化、教育结构多样化，成为21世纪大学的发展方向。

4．当代大学校园的规划建设类型呈现多元发展趋势

高等教育大发展时期校园建设主要涉及以下四种类型。

（1）老校区保护与重塑：学校规模的扩大、校园内部功能的改变与新功能的出现，新的学习和生活方式都对老校区产生了极大的冲击，老校区的环境亟待改善、空间容量需要优化、设施亟须更新。

（2）老校区比邻扩建与发展：大学老校区的比邻拓展，主要指依托原有的聚居环境，进行有序的扩建，即保持人文延续性、景观延续性、整体风格的延续性。

（3）异地新建校区：对于异地新建校区，需要把握三个原则：突出校园的整体化设计；创造宜人的校园空间环境，塑造校园中心区，强调生态校园、步行校园；建筑群体的网络化、组团化等。

（4）集中建设的大学城：21世纪初国内大学城的建设有过一段高峰期，据统计，现有30多个城市正在规划建设大学城，全国的大学城总数超过50个。大学城虽然数量较多，但大致可以分为大、中、小三个级别（表1-5）。国内大学城的形成是国家高等教育快速发展以及高校扩招的产物。

表1-5　大学城级别与类型

项　目	一　级	二　级	三　级
国内大学城的类型	A1：小型（学生规模≤60000人）	A2：中型（60000＜学生规模＜100000人）	A3：大型（学生规模≥100000人）
国内大学城与城市区位关系	位于城市中心的边缘或近郊	中心城市郊区或与之比邻的经济技术开发区	位于城市中心；或是位于卫星城，距城市较远
大学城与城市亲密度	独立关系；比连关系	比连关系	内含关系；独立关系；比连关系

1.3　大学聚落的概念

1.3.1　基本概念界定

1. 大学是聚落体系下一种特殊的聚落形式

大学聚落属于聚落的子层级（图1-16），指的是聚落中一种特殊的聚居形式。换句话说，它可以被看作是在一定的区域内，师生员工居住、生活、休息和工作的场所。需要强调的是，在该区域中不仅要有建筑及其外部环境，以及相关的设施，更需要营造出浓厚的人文氛围。

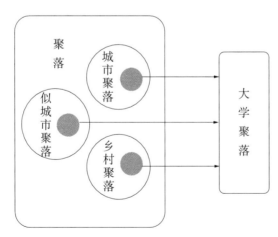

图1-16　大学聚落图示

城市中的大学、城市边缘的大学、以往的乡村大学，都是大学聚落的形态。它既是一种空间系统，又是一种复杂的经济、文化现象和发展过程。大学聚落是在特定的地理环境和社会背景中，人类活动和自然相互作用的结果。大学聚落的体系是多样的，从城市、乡村来看，有乡村大学（如美国殖民时期处于广阔原野的大学），有位于城郊的大学，还有城市中的大学。从大学的规模上来看，有的规模如城市，如英国牛津大学、剑桥大学，美国坎布里奇大学城、硅谷斯坦福大学，法国蓬图瓦兹新城，德国海德堡大学城，比利时鲁汶大学城，日本筑波大学城，我国广州大学城，等等；有的在城市中比较自由散落，如欧洲巴黎大学、柏林自由大学等；有的也比较集中，如我国的北京大学、清华大学，美国的加州大学伯克利分校；有的干脆以单栋建筑为主构成大学，如澳门的东亚大学、新加坡淡马锡理工学院等，其形式是多元的。①

2. 大学校园聚合倾向与聚落相关特性的对应关系

正如欧美在二十世纪六七十年代、日本在 20 世纪 90 年代所经历的阶段一样，我国大学校园在世纪之交也经历了一个快速发展阶段。该阶段主要表现为国家对教育的投资力度加大，校园的建设规模大、速度快，高等教育的发展出现新的局面。

从规划、设计的角度来看，大学校园设计要体现（图 1 - 17）：①大学校园的社区化倾向，即整合校园与社会群体的关系；②大学校园的生态化倾向，即大学校园的生态自然环境塑造；③大学校园的有机倾向，即大学校园的弹性可持续发展；④大学校园的个性化倾向，即突出校园的个性文化；⑤大学校园的融贯倾向，即强调大学体系的开放性。以上内容（如图 1 - 17 左侧内容）与"聚落"的特性，如群体、人文、物质体系、有机、地域、适应性等因素（如图 1 - 17 右侧内容）交相呼应，大学校园由此升华成大学聚落。

3. 大学聚落的提出符合高等教育的发展趋势

我们为什么要将大学校园说成是"大学聚落"呢？这里要首先说明一下，人们对"大学校园"的一般看法，总认为它就是由各种功能不同的房屋、各种各样的公共设施等物质实体，在一定地块上布局而成的校区。而学习、工作聚居于此的相关人群，常常容易被忽视。"大学聚落"的提出，正是强调"以人为本"，突出人是主体，弘扬大学的精神风貌和时代特性，且有利于将这一理念贯穿于设计的始终，渗透到设计的各个环节中。

因此，本书的立足点，始终是从聚落的视角，系统分析大学聚落的规划设计问题，并提炼出大学聚落设计模式。这一观点的提出，是对我国高等教育发展趋势的响应。

首先，在知识经济、科学技术、理论创新蓬勃发展的今天，大学发展面临很大的挑战，不得不重新审视其未来的发展趋势。而纵观聚落的发展历史，求生存、谋发展正是人类社会发展的内在动力，也是大学得以不断发展的最重要的精神内核。由此，提出大学聚落概念，就是要秉承这一精神，以期大学能够适应未来社会的发展。

其次，大学作为城市中一个特殊的聚居区域，对于城市的发展起着非常重要的推动作用，也必然要思考其未来的发展道路。经过"世纪之交"的高峰发展阶段，我国

---

① 何镜堂，窦建奇，王扬，等. 大学聚落研究 [J]. 建筑学报，2007（2）：84 - 87.

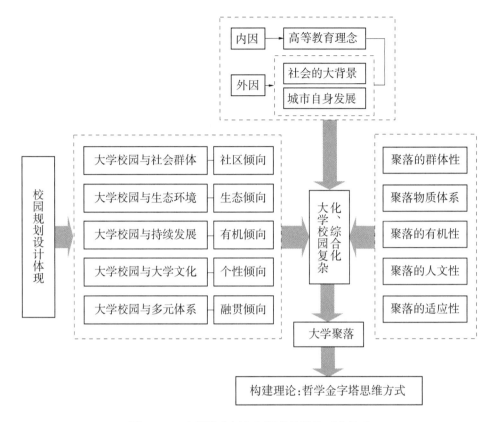

图 1 - 17　大学聚合倾向与聚落特性的对应关系

大学教育取得了长足的发展，大学毛入学率达40%，大学生成为城市中的重要群体，对社会的进步起到了推动作用。不过，由于建设速度过快、规模宏大、政府主动介入，随之而来的是大学对城市空间的剧烈冲撞，建设质量难以把控。所以，大学聚落迫切需要解决"数量"与"品质"之间的矛盾，实现物质与人文并重的"大学聚落"。

第三，在国内大学发展过程中，虽然面临这样或那样的问题，但是，它们内部都具有很多"聚落"的合理因素。大学聚落概念的提出，就是将这些合理因素加以整合、归纳，并进一步总结出若干个"大学聚落的设计模式"。

1.3.2　目标范围界定

1. 目标界定

充分认识我国现阶段国情及大学聚落建设的发展趋势，强调大学聚落"物质层面和人文层面的同构"，据此在城市层面、校区层面、建筑层面，进行相关的设计策略分析，并进一步推导"大学聚落的设计模式"。具体目标有以下三点。

（1）探析大学聚落背后复杂的政治、经济、文化、教育等因素

聚落本身就是一个与政治、经济、文化、教育相关的复合概念。对于人类聚居的

研究，其涉及的因素是广泛的。大学聚落作为城市中某一个特定的聚集区域，其环境同样受到教育的方针政策、城市经济文化背景的影响。所以，其目标就是要符合政治、经济、文化、教育等因素的要求。

（2）探析大学聚落"物质层面与人文层面同构"的方法

大学聚落概念的提出，不仅是从物的角度关注大学，更重要的是从人文精神的角度关注大学。大学聚落最终就是要实现"物质层面与人文层面同构"。

（3）关注大学聚落历时性与共时性统一

历时性与共时性，是瑞士语言学家费尔迪南·德·索绪尔（Ferdinand de Saussure，1857—1913）提出的一对术语，指对系统进行观察研究的两个不同的方向。针对大学聚落这一系统，历时性，就是一个大学聚落系统发展的历史性变化情况（过去—现在—将来）；而共时性，就是在某一特定时期大学聚落系统内部各因素之间的关系。

大学聚落作为一个复杂的聚居系统，不仅要分析它的历史发展过程，同时也要针对当今这一特殊阶段，分析其内部各要素之间的关系，从而全面地认识和把握大学聚落的设计规律与发展趋势。

2. 范围界定

本书所谈及的大学聚落设计，是立足于我国国情来探析其规划设计的方方面面，并着重分析改革开放以来的设计方法与发展趋势。具体涵盖三个层面：①宏观的城市层面（大学聚落集约设计）；②中观的校区层面（大学聚落整体设计）；③微观的建筑层面（大学聚落场所设计）。

1.3.3　走向大学聚落

从广义的角度来看，整个人类社会就是一个大的聚落环境。高等教育出版社出版的教材《人文地理学》第十章"聚落与地理"中指出："聚落是人类各种形式的聚居场所……聚落分为乡村和城市两大类。"从建筑的角度来看，吴良镛先生也曾指出："相当长的一个时期以来，建筑观念都停留在'房子'（building）的阶段。建筑的基本单位不应该是房子，而是聚落（settlement）。"聚落"不是就房子论房子，而是把房子看成聚居社区，有社会内容、政治内容、工程技术等各个方面"。

正因为整个社会就是一个大的聚落环境，大学作为城市中一类特殊的社会聚居区域，当然可以看作是一种聚落的形态。不仅如此，从哲学层面来看，大学聚落不仅是一个聚居地，更是一个物质与人文同构的融合体，也是一个多元复杂的综合系统。

首先，大学是一个与城市紧密相连的聚居区域，"你中有我，我中有你"。大学聚落不仅是涵盖建筑、环境、人群的物质实体，更重要的是，应突出"以人为本"，强调对人精神的关怀，实现物质与人文的同构。

其次，大学不是一个封闭的"园"，而是一个开放的社区和团体。清华大学前校长梅贻琦于1931年提出："所谓大学者，非所谓大楼之谓也，有大师之谓也。"大学不应受到围墙的禁锢而"孤岛化",而应敞开自己的胸怀与城市融合。

第三,大学不是一栋一栋孤立的建筑,而是一个由若干建筑群体以及外部环境组成的场所,这一场所中包含学者、老师、学生、员工及所有生活在其中的人群,他们彼此之间是一种和谐永久的社区关系。

第四,大学不仅是"教育的机器",同时也提供广泛的社会服务。它作为一种具有文化特质的城市区域,应与周边城市社区共生发展。

第五,大学要强调求真、求实、求新、求变,谋生存、求发展、开放包容的理念,这是引导大学聚落健康发展的核心精神内核,也是大学聚落设计所应秉承的正确的价值观念。

当代大学的高速建设虽然取得了很大的成就,但也面临许多的困难和挑战。大学聚居环境迫切需要解决"量"与"质"的辩证统一的关系,历史呼唤我们走向"大学聚落"。

2 大学聚落设计原理与方法的建构

2.1 大学聚落的特征分析

2.1.1 人文场所、精神殿堂

1. 人文精神概述

所谓人文精神，根据多方的论述，是指"一种普遍的人类自我关怀，表现为对人的尊严、价值、命运的维护、追求和关切，对人类遗留下来的各种精神文化现象的高度珍视，对一种全面发展的理想人格的肯定和塑造。"① 这一论述的基本含义，指的是"尊重人的价值，尊重精神的价值"。其核心是以人为本，强调在关心人的物质生活的同时，还要关心人的精神生活。

有关人文精神，中西方学界都有过不少的论述。例如，西方的人文精神一词是"humanism"，通常译作人文主义、人本主义、人道主义等。而对人文精神的探索，历史悠久、源远流长。如古希腊时期的人文精神、文艺复兴和宗教改革时期的人文精神、启蒙思想对人文主义发展的推动作用等。

我国对人文精神的关注自古有之，《周易》中有"刚柔交错，天文也；文明以止，人文也；观乎天文，以察时变；观乎人文，以化成天下"；我国《辞海》中指出"人文指人类社会的各种文化现象"。不过，许多学者认为，人文精神是对人的存在形式进行形而上的思考，强调人的价值及精神价值，关注人的终极关怀、理想信念、神圣使命等价值理性思考。许苏民先生撰写的《人文精神论纲》指出："人文精神是对人性——人类对于真善美的永恒追求的展现。"王晓明教授在《人文精神寻思录》中提到，所谓的人文精神应当是一种"精神素质"，是限定在"信仰、信念、世界意义、人生价值这些精神追求"中的。② 袁进教授指出："'人文精神'，是对'人'的'存在'的思考，是对'人'的价值、'人'的生存意义的关注，是对人类命运、人类痛苦与解脱的思考与探索。"此外，也有学者从知识分子的视角出发，关注人文精神的内涵，如许纪霖先生强调知识分子的"生存重心和理想信念"，人文价值被视为"不亚于钱、权的第三种

---

① 百度百科。
② 王晓明. 人文精神寻思录（海上风系列）［M］. 上海：文汇出版社，1996.

27

尊严"，特别强调知识分子要有自己的信仰，要有所追求，有所敬畏。

在物质极其丰富的当今社会，人们对精神的追求更加强烈，大学师生更是极力呼唤将丢失的人文精神拾回，努力将大学营造成为一个生活舒适、环境优美、文化底蕴深厚、学术氛围浓郁的聚居场所。①

2. 人文场所的营建

大学聚落，是人们从事教学和科学研究的场所，应处处散发着浓厚的人文气息。当人们走近它时，仿佛置身于神圣的文化殿堂，展现在眼前的既有古老历史的文化印迹，也有现代文明的辉煌成就，不禁令人敬畏，更让人产生一种美妙的遐想，催人奋进。

所以，在规划、设计、建造大学聚落时，对其平面和空间的布局、各类设施和景点的搭建，在满足功能要求的同时，更要能最大限度地体现人对文化和精神方面的需求，使之成为名副其实的"精神殿堂"。这方面的成功例子并不少见，例如，建于1754年的哥伦比亚大学，位于美国纽约市曼哈顿的晨边高地，濒临哈德逊河，在中央公园北面，是美国最古老的7所大学组成的"常春藤联合会"成员之一，校园中的建筑蕴含着深厚的人文情怀。学校的守护女神雕像"ALMA MATER"，是美国雕塑家 Daniel Chester French 在 1903 年完成的作品。雕塑双腿上放着圣经，右手持杖，倡导着"上帝是指引明灯"的格言。"ALMA MATER"在拉丁语中的含义是"养育生命的母亲"，在西方古罗马时期意指女性神祇，现代的意思指的是大学和学院，带有"母校"的意思。该守护神雕像历经风雨，左手轻轻托起了 COLUMBIA 二百五十年的风风雨雨。放眼校园，哥伦比亚大学的各个院系的公共空间都设有许多主体雕塑，既渗透着科学精神，又拥有雅致的人文景观（图 2 – 1）。

图 2 – 1　哥伦比亚大学的人文景观
（来源：华南理工大学建筑设计研究院收集整理）

①何镜堂，窦建奇，王扬，等. 大学聚落研究 ［M］. 建筑学报，2007（1）：84 – 87.

又如，我国的南京大学，也拥有许多文化底蕴深厚的空间场所，它的前身是三江师范学堂，1928年5月更名为国立中央大学，1949年8月又改名为国立南京大学，1950年10月后至今，称为南京大学。南京大学校园空间布局严谨，校园中心区的景观很有特色，典雅古朴，散发出浓浓的书香气息。颇具文化特色的建筑风格，构成大学良好的教学与生活环境（图2-2）。

与上述情况相似的大学还有很多，随着多年的积淀，它们形成底蕴深厚、独具特色的校园环境。因此，对其富含的人文情怀与历史传统，都需要加以发掘、整理和传承发扬。

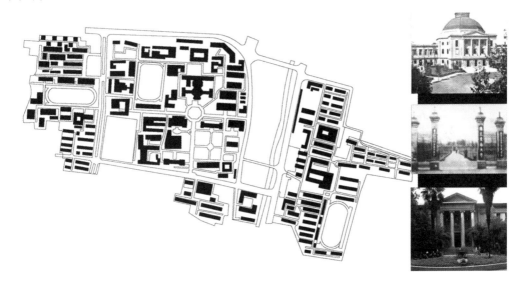

图2-2　南京大学平面图及人文景观

（来源：华南理工大学建筑设计研究院收集整理）

2.1.2　整体协调、集约发展

1. 整体协调

就大学聚落而言，它是一个整体的概念，其形态具有极强的整体性、自相似性、协调一致性。因此，大学聚落绝不是指几座建筑，而是超越了建筑、超越了规划的一个由人和他们所处的环境形成的整体。由此可见，用"整体协调设计观"这一原则进行设计，是十分必要的。

美国18世纪描绘普林斯顿大学时，提出"campus"，指的就是一种整体、绿色的校园。这种校园不仅拥有广阔的绿地，环境优美，而且是一个将规划、设计、景观综合在一起考虑的人居环境，是用整体的视角去看待的校园聚居体系。[1]

---

①王歆. 大学校园的有机生长［D］. 杭州：浙江大学，2004.

2. 集约发展

在新的历史时期，应回顾与反思当代大学建设的利弊得失，吸取大学建设高潮阶段的经验与教训。同时，结合大学的建设新形式、新要求、新局面，认真分析我国现阶段"地少人多、资源紧缺"的特殊背景，认识到未来大学聚落发展所面临的巨大挑战。因此，在今后一段时间的大学聚落建设中，需要"集约化发展的思路"。①

大学聚落集约发展除了强调经济效益以外，还要强调环境效益和社会效益的目标体系。经济效益起基础性作用。但是，建筑活动只有在有效地塑造出舒适的空间环境、体现出良好的社会效益的基础上，才能最终实现其经济效益。这符合科学发展观与建设和谐社会的要求，符合可持续发展的要求；适应了高等教育改革继续深化、注重素质教育的要求；适应国内大学聚落从大规模建设转向整体环境的优化与改善，以及人文环境塑造的具体情况。

大学聚落集约发展还必须在提高单位土地面积的投资强度和体现效益的同时，维护校园特有的人居环境，注重校园空间的紧凑性与多样性的统一。它是在强调物理空间的相对集中、节约资源的基础上，重视空间与环境品质的提升，强调以人为本的空间模式，增强校园空间环境的文化特性。

2.1.3 适应环境、有机生长

1. 适应环境

在当今科技迅猛发展的时代，在大学聚落规划设计中重塑"原生态"的理念，应成为现代高校规划设计中的重要理念，从而探寻出在新时期能适应不同的地域和环境的校园设计方法，用来指导校园的规划建筑设计实践。②

例如，在澳门大学横琴校区的设计中，就强调了一种"整体适应"性机制。澳门大学横琴新校区选址于广东省珠海市横琴岛东部，占地约109万平方米，总建筑面积为96.68万平方米。澳门大学横琴岛新校区的规划设计，将整体的空间格局和功能分布与学校"学院制"（faculty）的学术管理单位和"书院制"（college）的学生管理单位相结合，以书院式的发展格局作为组团的核心模式，既是对现代校园可持续发展规划理念的呼应，也是对澳门大学人文精神传统的尊重。

该校区规划地块靠近海边，水体资源丰富。为了适应这一独特的环境，将生态型循环水体作为规划设计的重点。规划方案充分利用水体资源的空间纽带作用，围绕校园的中央水体生态核心，向各组团延伸线形的水系及绿化景观带，形成水系生态网络。同时，在规划方案中沿着南北方向的中央步行景观轴线，组织书院各组团，通过围合界面控制，并进一步通过生态景观设计等手法，全力营造理性与浪漫相结合的整体环

①何镜堂. 当前高校规划建设的几个发展趋向［J］. 新建筑，2002（4）：5-7.
②何镜堂，涂慧君，邓剑虹，等. 共享交融有机生长——浅谈浙江大学新校园（基础部）概念性规划中标方案的创作思想［J］. 建筑学报，2001（5）：10-12，65-66.

境氛围（图2-3）。

图 2-3 澳门大学横琴校区透视图

（来源：华南理工大学建筑设计研究院收集整理）

2. 有机生长

"聚落既是一个社会共同体，又是一个历史过程。在人类永久性聚落形成的初期，人类就表现出比单纯的动物性需求丰富得多的社会性需求……最终形成连续性的聚落形式，实现了人类最初的'乌托邦'。"[①] 同样，大学聚落是在历史过程中缓慢形成和不断优化的，没有预先设定的固定形态，是在日常生活中一点点改变的，具有丰富的内容，是预先无法设计的，即具有明显的"有机生长"性，这可从以下列举的例子中去体会。

建筑大师柯布西耶（Le Corbusier）拓展了大学的理念："每所学院或大学本身就是一个都市单位，无论大小，它都是绿色城市。美国的大学自身就是一个世界。"理论家约瑟夫·赫德也指出："校园的建筑与规划是不断变化的，它们的未来难以预计……我们对于学校的想象应如同对城市一样，它们的发展形成一部分与过去有关，同时又与未来有关。我们的大学永远不会完成。"[②] 哈佛大学第24任校长艾略特也提出过类似的观点，指出："真正的美国大学至今尚不存在，而且建设美国式大学的路途不明，需要我们努力探索和实践。"

这样的例子很多，比如芝加哥大学的成长过程，耶鲁大学的成长过程，清华大学（图2-4）、南京大学的成长过程，等等。

---

① 李蕾，李红. 聚落构成与公共空间营造 [J]. 规划师，2004，20（9）：81-82.

② 王歆. 大学校园的有机生长 [D]. 杭州：浙江大学，2004.

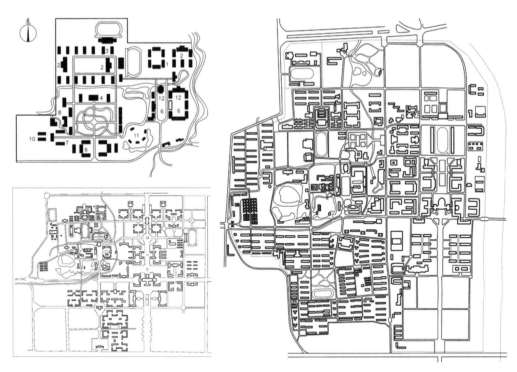

图 2-4 清华大学 1914 年（左上）、1954 年（左下）、20 世纪 90 年代（右图）规划平面

（来源：华南理工大学建筑设计研究院收集整理）

2.1.4 磁性空间、同构与异构

1. 大学聚落的领域感与场所感

聚落空间作为人群的聚居场所，是具有明显领域感的，这种领域感反映了个体或团体对于空间的占有和控制，更加反映了生活中的人际关系和其社会交往的丰富内涵。而正是这种丰富的内涵，促使大学的场所具有"磁体"的性质，即具有吸引力和凝聚力，如英国剑桥大学中康河的美丽河畔和国王学院的绿色草坪，都是引人入胜、让人流连忘返的校园场所（图 2-5）。

一般来说，作为自然生成的聚集场所，是非常具有凝聚力的，它能吸引人们聚集。而聚落发展到一定层面，这种凝聚力就可以控制建筑群体的构成方式。例如，古代村落的形成，往往围绕一个中央公共空间组织而成，这种公共空间就反映了一种空间的凝聚力。在中央公共空间的统帅下，看似无序的场所，围绕某一个点"集聚"，就形成秩序了。同样，大学聚落也应该是拥有凝聚力的场所，在某一种概念下，大学聚落将形成一种整体的秩序。

当然，大学发展到今天，其聚居形态是复杂的。就其存在的空间而言，一方面，它依靠"场所"（近接关系）、"路线"（连续关系）、"领域"（闭合关系）的确立而形

成空间。① 另一方面，又通过形态关系
（morphology）、拓扑关系（topology）和
类型关系（typology）来理解空间。有
专家指出：形态关系是指城市所呈现出
来的造型，是人们领悟"空间所蕴含精
神"的来源；拓扑关系是指空间的组织
和秩序，是人们领悟场所的途径；类型
关系是指场所中包含建筑的不同类型。
总体来看，不论是舒尔茨的"场所精
神"理论，或是罗吉尔·特兰西克
（Roger Trancik）的"寻找失落的空间"
理论，再或是罗夫·俄斯金（Ralph
Erskine）的"场所—文脉"理论等，
都在强调一个理念，就是"场所是文脉
的凝聚点"。

图 2 - 5　剑桥康河和国王学院美景
（来源：笔者收集整理）

改革开放以来，中国经历了世界历
史上规模最大、速度最快的城镇化过
程，每年房屋竣工面积达到二十多亿平
方米，建筑业是国民经济中的支柱产
业，城市建设艰巨而复杂。由于发展速度过快，在城市建设中，往往缺乏科学规划，
片面追求经济效益，导致城市大拆大建、盲目扩张，风貌遗失、千城一面，其地域传
统和文化精神在不知不觉中失落了。当今大学作为城市中文化精神强烈的聚居区域，
更要吸取上面的教训，努力营造"具有凝聚力的文化场所"。

2. 同构与异构

大学聚落的同构性，指的是大学聚落空间场所与聚落精神的同构。大学聚落的文
化观念和社会生活，对于大学聚落的精神和物质生活有着很大的影响，即所谓"文化
育人""环境育人"。重视大学聚落内部公共空间的创造与优化，构建多层级的交往场
所，就显得十分必要。往往一个小小的庭院，一个尺度适宜的广场，就能在师生之间
起到很好的"同构"作用，如牛津大学、剑桥大学的校园空间就是如此（图 2 - 6）。
又如，北京大学的未名湖，就是广大师生互动交往的场地。未名湖畔绿草如茵、碧波
荡漾、莺歌燕舞、塔影映印，是莘莘学子的神往之地。库珀·马库斯与威斯克曼于
1983 年对加州大学伯克利分校的 400 名学生做了抽样统计，发现 90% 的学生对学校的
某一处草坪给予了高度评价。大学聚落是尺度宜人的交往场所，也是师生社会精神生

①张赛. 建构场所系统是城市设计中文脉整合的重要途径——以东莞城市设计为例［D］. 北京：清华大学，2003.

图2-6　牛津大学、剑桥大学浓厚的文化积淀
(来源：华南理工大学建筑设计研究院整理)

活在大学聚居形态里的集中体现。W. 格罗皮乌斯把城市中的公共交往部分形容为"core"（核），指出这些交往场所代表了一定的社会文化含义，它使得个体能够在场所中找到自我。大学聚落的"同构性"，是在大学聚落中充分考虑使用者的各种物质和精神文化需求，创造适合各个学科融合、交流的体系。

大学聚落的异构性，就是要强调不同学校的个性文化，延续其特有的文化传统。校园个性文化的形成是一个比较漫长的过程，校园的建设不单单是一栋或两栋标志性的建筑，也不单单是某个超尺度的广场，而是要营造校园的个性文化，注意校区独特人文环境的塑造。

2.1.5　开放创新、绿色智能

1. 开放创新

大学是培养人才的地方，它包含各种学科，多元文化常常要在这里碰撞、交汇。因此，大学不能关起门来办学，它必须是开放的，要面向社会，与社会交融。开放会带来进步，封闭会导致落后。在强调开放的同时，还必须强调创新，创新会带来活力，守旧将导致腐朽。

当今时代，科技创新能力，尤其是自主创新能力，已经成为决定国家持久竞争力的关键要素。增强创新能力，是今后较长时间内针对我国科技发展和产业结构优化升级的根本性战略部署。① 传统的以技术发展为导向、科研人员为主体、实验室为载体的科技创新活动，正转向以用户为中心、以网络化为平台、以实践应用为目标、以共同创新为特点的创新2.0模式。

从西方发达国家发展的经验来看，许多城市为了提升知识创新能力，常常以大学为依托，建立大学校区、科技园区、行政社区联动融合的高新技术研发区，带动城市乃至本国的科技、高新技术及产业化发展。要实现大学与城市的共建和双赢局面，必须使大学回归城市，而不是远离城市。具有一定集聚性、开放性，科技含量更高、对城市和区域经济发展更具推动力的综合园区，是大学将来发展的趋势。城市中的大学，要成为城市的公众社会文化中心、教育培训中心，以及社会服务智力咨询中心、高技术产业的创业和孵化中心。大学的边界渐趋模糊，实体的校园与隐性的校园相互交叠，因此，大学校园要突破"围墙"禁锢，与周边社区乃至城市进行广泛的互动、联合，发挥其产学研一体化的职能。

2. 绿色智能

党的十八大报告中，提出要"推进绿色发展、循环发展、低碳发展"，《2015中央城市工作会议公报》又指出，要按照绿色循环低碳的理念进行规划建设。大学聚落是社会的重要组成部分，面对迅速扩大的规模，要解决校园生态建设相对滞后、平均能耗指标较高等问题。未来大学聚落规划的发展趋势，是如何运用多学科协同的理念，走向可持续发展的绿色建筑、绿色校园的建设之路？那么，什么样的建筑才能称为绿色建筑呢？《GB/T 50378—2014 绿色建筑评价标准》指出，绿色建筑是指在建筑的全寿命周期内，最大限度地节约资源（节能、节地、节水、节材）、保护环境和减少污染，为人们提供健康、适用和高效的使用空间，与自然和谐共生的建筑。

而绿色校园的核心理念，就是崇尚自然、优化环境、节约资源、低碳环保。将大学聚落建设成生态宜人的美丽园区。

时代的不断向前，智能化、大数据、网络化已是当今社会经济可持续发展的必然选择、必走之路。大学聚落作为文化的圣地、科学的殿堂，无论从自身的发展，抑或是自己所处的地位，都应将大学创建成绿色智能、现代化的园区。所谓智能化大学，通俗地说，就是指在大学聚落内安装了计算机设备、数据通信线路、程控交换机、大数据处理分析平台等，对建筑的室内外物理环境、空间使用状况等进行监控、检测。同时，通过智能化的手段，使用户可以获得通信、文字处理、电子邮件、情报资料检索、科学计算、行情查询等服务，使大学聚落成为数字化的校区。这样就可为广大师生员工提供安全、环保、高效、便捷、经济、节能、舒适、健康的聚居环境。

---

①党的十六届五中全会通过的《中共中央关于制定国民经济和社会发展第十一个五年规划的建议》中提出：把增强自主创新能力作为科学技术发展的战略基点和调整产业结构、转变增长方式的中心环节。

2.1.6　大学聚落的稳定性与不稳定性

大学聚落是师生员工聚居和从事各种活动的场所，内部人群众多而又复杂。有从事教学工作的，也有从事研究和管理工作的，还有大量的学生。相同类型的人群组合在一起形成很多社群，例如本科生社群、研究生社群、人文主义者社群、社会科学家和自然科学家社群、专业学院社群和一切非学术人员社群等。其组成虽然比较复杂，但构成方式和机制是相对稳定的，拥有明显的整体性与目的性，有统一的管理制度和指挥系统。

1. 稳定的层级体系

大学聚落的稳定性，表现为大学聚落的内在层次性：①单个的人所拥有的空间属于最低的层级；②再上就是校园里个体建筑物；③若干成体系的建筑物组成校园"建筑组团"，可以将它形象地看作组成校园的"细胞"；④若干校园"建筑组团"构成校园"建筑簇群"空间，属于校园较大尺度上的区域，如教学区、学生生活区、运动区、科技园区等；⑤若干"建筑簇群"构成整个校园，形成完整的校园环境（当然这种领域上的完整性是相对的，其中也可能会有城市的其他聚居体系融合进来，例如，美国的哈佛大学就被若干城市道路分割为几块）；⑥整体校园在若干规模上走向"巨型化校园"（英文译为 mega structure campus）；⑦若干校园组成比较整体的大学城，如广州大学城、松江大学城；⑧若干大学、学院组成以大学为主体的城镇，如牛津、剑桥等传统的大学城镇。

从上述情况可以看出，大学不论处于什么规模，其组成结构的层级性是明显的，单体建筑和基本建筑组团，都是按其所处区域的功能来布局的。

2. 不稳定性

大学的不断发展，也是大学自身不断突破、不断进取的过程，从这方面看，它又具不稳定性。它的稳定只是相对的，要辩证地理解大学从稳定体系到不稳定体系，再到新的稳定体系的发展过程。在大学发展过程之中，出现了许多校园形态，并随着时代的发展，不断发生变化。例如，欧洲中世纪四四方方的庭院式大学形态，在当代大学发展阶段中，就逐步被摒弃；又如，美国的"巨型化大学"也是在特殊时代出现的校园形态。美教育学家克拉克·科尔描述了美国"二战"以后大学发展的极致，提出"巨型化大学"的体系，一度诠释了美国大学发展模式。[1]　然而，在科尔之后，许多学者对于"巨型化大学"进行了深刻思考，提出各种不同的观点。多元化巨型大学是美国当时一种强制性的选择，而非理性的选择。巨型大学反映的是美国现代大学发展的

---

[1]当代著名高等教育家阿瑟·莱文这样评价科尔："如果有谁可以被称为当代美国高等教育变革的设计师的话，那么这个人就是克拉克·科尔。"

现实，现实存在的东西未必就是合理的、正确的。① 20 世纪 60 年代之后，继科尔的大学理念，又出现了相互作用大学理念、都市大学理念、服务型大学理念、创业型大学理念、后现代大学理念、学习型大学理念、绿色大学理念，等等。有的强调大学服务于社会；有的强调大学人才培养方式的变化；有的强调大学的学习性，真是见仁见智，反映出大学总是在稳定中不断发展。

之所以提出大学聚落的"稳定与不稳定"的问题，就是要认识到大学聚落是一个动态的发展过程，不仅要关注大学聚落的历史和现在，也要关注它的未来。

2.2　大学聚落设计原理

2.2.1　集约化设计

1. 集约化的简要解释

所谓集约化，通俗地说，就是集合人力、物力、财力、管理等生产要素，并在统一配置的过程中，强调节约、低碳、节能、环保的价值取向，从而达到高效管理、优化设计、降低成本的目的。

未来大学聚落的发展，应顺应新型城镇化的发展思维，走集约化、可持续的发展道路。具体来说，首先，要以集约化的设计理念，重新去认识大学发展的路径和方式，即采取理性和循序渐进的增长方式，强调规划实效（效能），摒弃功利思想。其次，要充分认知我国资源短缺的宏观背景。要保护珍贵的土地资源、维持合理的能源消耗、集中有限的社会资源，走勤俭、精益、内涵式的发展道路。第三，要提高单位土地面积的投资强度和产出效益，同时维护大学特有的人居环境，以实现大学聚落经济效益、社会效益、环境效益的整体协调。集约化发展的基本途径是教育产业积聚、资源配置优化与互补、建筑资源的节约与合理利用等。

因此，在今后相当长的一段时间内，集约化设计是当代大学聚落设计的关注重点，是实现大学聚落可持续发展的合理选择。

2. 集约化的设计（发展）思路

大学扩招虽然对于国家经济的拉动做出了巨大的贡献，但同时也提出了集约发展的要求。在宏观层面，应统一配置大学资源、控制大学校区规模、提高资源使用效率、高效使用教育资金，将有限的资源发挥出最大效益。

（1）对于学校的建设资源，特别是土地资源的利用，要有集约发展的思路。高速发展期各个大学为了抢夺教育资源，拼命做大，导致校园规模过大，一校多区的现象普遍存在，这种现象应有所改变。

---

①芝加哥大学校长乔治·比德尔曾经把规模很大的美国大学比作恐龙，认为它可能会"灭绝，因为它变得越来越大，从而丧失了为适应环境变化而需要的进化的灵活性"。

（2）现在许多大学的校区规模相当庞大，里面的设施非常齐全，甚至包含许多大型的体育场馆、博物馆、大型图书馆等公共设施，但它们的使用率不高，有的大学一到假期，几乎变成一座"空城"。如何提高基础设施的使用率，值得我们深入思考。

（3）在大学的特殊发展阶段，其发展得到了国家财政的强劲支持。大量学校靠向银行贷款、社会多渠道集资等方式获得一定的资金。不过，建设热潮中也出现了违规审批、非法圈地、过量地向银行贷款等问题。而这些沉重的财务负担，给学校的发展带来很大影响，这一问题值得我们反思。

（4）随着大学规模的日益扩大（特别是出现大学城），简单的现代主义功能分区的思想，已经很难适应如此复杂的聚居体系。规划中可以采用复合分区的思路，为学生在学习、生活等方面提供便利。例如，在浙江大学基础部投标方案中，采用教学与生活两个区域平行布置的形式，可以减少学生的步行范围；又如重庆大学、南京邮电大学仙林校区等，采用交通体系的圈层结构，比较合理地解决了较大空间的结构问题。

（5）当代大学校区规划中，往往出现形式单一化的不利倾向。设计中过于注重气派、注重礼仪空间、注重简单的几何模式，却忽视了当地特有的地理、水文、气候、文脉等因素。因此，在未来的校园设计中要强调紧凑多样的校园空间模式。例如，江浙一带水网发达，位于此地的江南大学，在设计中沿着水系形成"指状"规划结构，空间紧凑多样。再比如，重庆工学院（现名重庆理工大学）花溪校区（图2-7）基地位于山区浅丘陵地带，在设计中，建筑依山而建，把丘陵留出来作为景观元素，形成"建筑—丘陵—建筑"的校区结构，从而营造出优美的大学聚落空间环境。

（6）在校园建筑设计过程中，对于各个建筑群体之间，如教学区建筑群体与生活区建筑群体之间，尽可能地采用功能复合设计，提高使用率。这是因为，对于过大尺度的校园而言，如果采用简单的功能分区方式，

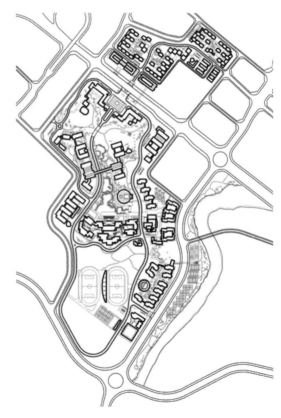

图2-7　重庆工学院（现名重庆理工大学）花溪校区
（来源：华南理工大学建筑设计研究院整理）

会由于尺度增大造成步行距离的成倍增加，各区之间联系不便。如果以院系为单位进行分区，则会造成重复建设，以及资源共享不方便。如果采用功能复合设计，既保留相同功能内部的密切关系，又保证不同功能间的高效交流，则可以很好地提高使用率，节约资源。

（7）建筑内部空间中，尽量采用紧凑的设计思路，减少不必要的建筑流线，弱化过大尺度的公共空间，以免造成浪费；对于建筑外部空间，要尽量促使建筑群体共享外部空间，这样既可以在不同建筑之间形成良好的交往场所，也可以避免重复建设所造成的浪费。

（8）在技术层面，尽可能地促使各个工种的协调配合，减少浪费；同时，在绿色建筑设计中，采用以被动技术为主、以主动技术为辅的设计思路，并要充分利用当地地域的自然条件，如地形、地貌、环境、材料等。

2.2.2 整体化设计

大学聚落的空间形态千变万化，其背后的经济、社会、文化、技术因素更加丰富多元，将会涉及许多纷繁复杂的问题。所以，要从系统论的视角，将它看作是一个"复杂的系统"。图 2-8 为东华大学松江校区平面图，该校区包括教学楼、学生宿舍、体育馆等多种建筑，又包括机动车道与人行道所组成的道路系统，还包括绿地、廊道、水系、绿化组成的景观系统，其空间形态纷繁复杂，加之生活

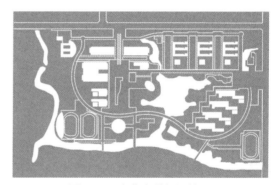

图 2-8　东华大学松江校区
（来源：华南理工大学建筑设计研究院）

在其中的各种人群、社会关系，这不就是一个复杂的"系统"吗？

由此，可采用系统化设计模式，来诠释大学聚落规划设计的"整体观"。人类文明的高度发展，使得我们处于一个非常复杂的变革时代。城市建设的规模、建设的质量都发生了很大转变。建筑设计不单单是一栋建筑的问题，而是要强调大学聚落的整体性。片面追求每个建筑都有"标志性"，"若干年不落后"，显然不符合大学整体性的要求。因此，我们需要从整体性出发，来看待大学聚落的规划、建筑设计问题，这是一个系统的工程。

系统化设计模式包括横向、纵向两个子模式。横向模式是从水平的角度，列举校区规划设计模式中所涉及的相关问题，诸如校区的整体化模式问题、校区的地域化模式问题、校区的生态化模式问题、校区的多样化模式问题、校区的互动化模式问题、校区的多元组织模式问题等，当然这些问题组群是开放的。相对应的纵向模式，则是通过纵向的层级划分，区别大学在不同规模层面上所涉及的问题，可以分为三个大的

层面：一是从城市区位角度来考察一个大学的设计问题，如大学对城市的贡献、互动，等等；二是针对大学的校园规划结构层面，来考察它的结构问题；三是从微观的角度，考察大学内部的建筑、小环境，以及相关的技术问题。

2.2.3 有序发展与开放增长

1. 有序发展

大学聚落建设是百年大计，校园规划设计不仅需要考虑现实的要求，同时还要兼顾未来的发展。从系统学的角度来看，校园规划设计本身就具有自我完善、自我调整的自组织特性。校园规划是动态发展的，它包括以下几层含义：首先，校园规划设计所形成的校园规划结构，是一种可生长性结构，便于校区空间的未来发展；其次，校园空间结构还应该是一种弹性的结构，不要处处"塞满"，违背校园弹性生长的机制；最后，校园动态发展需要形成自己的机制、自己的发展规则，为未来的自我发展提供可控性。比如，大学可以建立系统的规划调整机制，定期评估现有规划方案，促使大学健康发展（图2-9）。

2. 开放增长

当今复杂多变的社会，大学聚落规划理论应该是开放性的理论体系。大学聚落规划设计模式，相当程度上受到社会变革的影响，例如政治体制、经济体制、社会文化观念、技术水平、城市发展模式等多因素的影响，因此要加以重视，其目的就是要建设符合我们社会需求的好的聚落环境。正如凯文·林奇和加里·海克在《总体设计》一书中指出的："总体设计不论技术注释如何复杂，总是超乎一门的实用艺术。它的目标是道德和美学方面的：要造就场所以美化日常生活，使居民感到自由自在，赋予他们对身居其中的天地一种

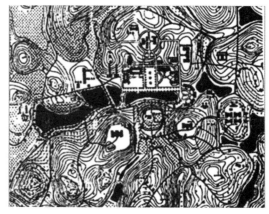

（a）1935年的校园平面图

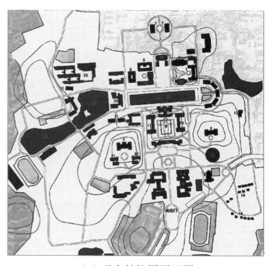

（b）现在的校园平面图

图2-9　华南理工大学校园中心区的演变——
1935年及现在的校园平面对比

（来源：蒋邢辉，《大学校园与周边环境整体营造研究》）

领域感。"从理论意义上讲,开放式设计模式,就是将大学聚落规划设计看作一个开放的体系,强调多学科的整合。它是多学科(社会学、建筑学、生态学、人类学、政治经济学,等等)交叉渗透和相互促进的结果。这种思路在于由校园空间形态,到影响空间形态的背后的深层次因素,再回归校园空间形态的"再思考",在轮回中螺旋上升、发展。

3. "整体、动态、开放"协调性发展

大学聚落强调物质与空间同构的哲学观念。世界的事物是复杂多样的,也是普遍联系的。同构是事物联系的普遍性原理,任何事物都可以转换成为事物间联系的同构,因为同构现象具有普遍性。维系大学精神的同构、维系大学聚居环境的同构,是在较高的层面上体现大学对环境的适应性。

(1)社团群体的复杂性

大学聚落各个社群的复杂性,是强调大学不同社群"硬环境与软环境"的同构。

(2)大学空间的多元、大学文化的同质性

文化是社会发展的不竭动力,是城市之根。城市的持续发展不仅需要产业结构的调整所带来的经济发展,也需要城市文化的发展。城市文化的提升,是体现城市竞争力的重要因素,具有基础性作用。没有城市文化作为底蕴,城市的经济、社会生活等方面的发展必定不能持久。大学文化的发展对于城市文化的提升具有重要作用,它们之间是互动的关系。城市文化的提升,关键在于人才的培养;发展教育和促进文化事业的繁荣,是提高城市竞争力的重要智力支持和技术支撑。可见,城市文化的提升离不开大学文化的繁荣。反过来,城市文化底蕴上去了,整个社会民众的整体素质、城市的文化环境必将大为改善。大学作为城市的一个组成部分,也将是受益者。

(3)环境体系的适应性

不同的地域环境,给大学聚落带来不同的发展与挑战,促使大学聚落不断地适应环境。因此,大学聚落环境设计需要考虑适应性。

2.2.4　物质与人文同构

1. 塑造人文气息浓郁的现代大学聚落环境

文化是历史的积淀,留存于建筑中,是建筑之"魂",对建筑的建造起着无形的、巨大的作用。同时,文化也融汇于每个人的生活中,对人们的观念、行为产生极为深刻的影响,决定着生活的各个层面。

大学聚落的文化品位,作为文化素质教育不可分割的组成部分,也开始受到高等教育界的重视。大学聚落的人文精神是一种内在的价值观与精神取向,是大学环境的内涵、品质与特色,决定着大学环境的功能、形式、内容和发展。大学聚落的人文精神也是大学环境中最具生命力、最具感染力、最能打动人心的,是大学聚落得以发挥其熏陶和凝聚作用的根本原因。

大学聚落需要营造良好的育人环境、浓厚的学术氛围;需要很好地理解和继承大学历史所形成的独特文化。对于老校区，我们强调保护与发展并举；对于已经建成的新校区，需要运用整体的思维方式来完善其人文环境；对于待建的校区更要从一开始就重视校区人文氛围的塑造。对于大学聚落的人文环境塑造方法，可以采用整体的空间塑造、多层次的节点空间塑造、校区建筑地域文化特色的塑造、校区的细部环境改善等手段。环境育人是我们倡导的主要观念。

（1）环境育人：大学聚落应该是一个学术氛围浓厚、拥有丰富文化内涵的场所，它体现人在空间的主体地位，使人从中感受到认同和归属感，满足精神的需求。当代大学聚落不仅要追求空间的功能，更要追求空间的品质，创造有人文意味的空间环境。

（2）原有校区独特氛围的延续：一个大学的建立和发展，有它特定的历史背景和文化渊源，如英国牛津大学、剑桥大学的博雅之风，德国柏林大学、海德堡大学的研究之气，美国哈佛大学、耶鲁大学的引领潮流，巴黎高等师范学校的激荡灵魂的"高师精神"，是这些大学的独特魅力所在。其实，每一个学校的办学理念、学科构成、理想追求、学风校风、管理方式、历史传统、人文气象、地域特征、自然环境等方面多有不同，因而每所大学的环境及其文化都有一定差异。而维持这些差异，将学校具有代表性的历史传统、精神氛围、学科优势、生活方式、自然环境、地域文化等充分加以表达，对于增强各大学的特色，深化大学的文化素养具有重要的作用。

（3）对地域文化、地理环境的解读：当前，大学聚落的规划设计中，有关地域文化、地理环境的解读，对于大学聚落设计十分重要。"地域性"中所涉及的一个重要方面，就是大学聚落所处的自然环境。这种当地独有的自然环境，使校园的植物、植被、景观具有区域性的特点，从而影响着规划和建筑的布局。所以，在大学聚落自然环境的保护与利用中，需要慎重对待现有的地形地貌、原生绿地、山林、水体，尽可能地保护自然。例如，重庆大学新校区选址在重庆西郊的虎溪镇，规划设计中保留了原有的自然山体，利用原有洼地因势利导，筑坝引流，形成大面积水面，环湖配植大片绿化，规划散步道，形成校区主景，充分挖掘和展示出原生环境的自然之美（图 2 - 10）。

2. 校园需要创造最适合培养人的人文环境

（1）老校区人文环境的保护与发展

我国现有高等院校 1100 余所（不包括专科学校、职业学院及民办大学），其中1949 年前建校的有 205 所，1965 年前建校的有 434 所。校龄超过 30 年的约占 40%，超过 20 年的约占 55%，并且它们是国内教育质量最高、规模最大、影响最广泛的教育机构。随着城市的发展，大部分的大学老校区现在都位于城市中心区。客观而言，许多大学老校区在发展过程中缺乏中长期规划，出现功能比较混乱、建筑面貌比较杂乱、建筑设施老化、道路老化不通畅，以及水、电、气的管线设备老化等现象，极大地制约了学校的发展，也影响到校区文化环境的培育。同时，校区用地不足与原有建筑的土地使用率较低的矛盾成为其中突出的问题。学校规模的扩大、校区内部功能的改变

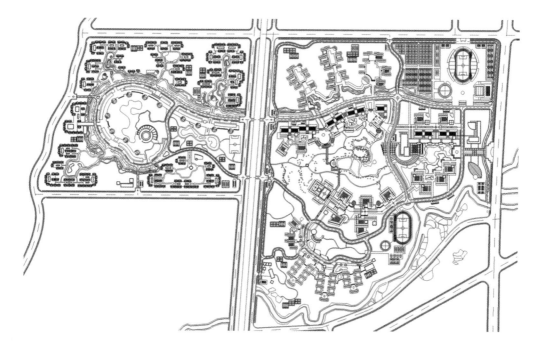

图 2 – 10 重庆大学虎溪校区总体规划平面图
（来源：华南理工大学建筑设计研究院）

与新功能的出现、新的学习和生活方式都对老校区产生了极大的冲击，老校区的环境
亟待更新、空间容量需要优化、设施亟须更新。在老校区改建过程中，需要传承老校
区的历史文化印记，塑造具有特色的校区环境。

①老校区内部人文环境的保护与重塑。大学老校区的更新改造，整体协调是基础，
空间整合是手段。在改造老校区内部人文环境时，为了保证校区人文环境的连续性、
协调性，应强调"保护和重塑"两种方式。所谓"保护"，就是对校区内部珍贵的具有
历史意义的建筑、人文场所加以合理的保护，如清华大学大礼堂，是国家重点保护的
文物。所谓"重塑"，就是对校区中具有历史意义的建筑，做适当功能拓展，但又不破
坏其原来的形象。

②老校区扩展后人文环境的发展。大学老校区的拓展，主要指依托原有的聚居环
境，进行有序的扩建，扩建的区域与原有的区域需要保持一定的延续性。

首先，突出文化传统与个性的延续。在建筑创作中，尊重原有校区的传统，营造
"以人为本"的校区个性文化；同时，在建筑的造型、风格上，还要注重老校区风貌的
延续性，必须在校区整体形象和谐统一的前提下，进行适当的个性化设计，从而既能
兼顾新老校区的整体风貌，又能突出新老校区的个性文化。

其次，突出大学聚落文化景观的延续性。老校区的景观环境经多年形成，相对比
较成熟，所以需要加强对原有校区景观环境的保护。在生态脉络的营建过程之中，需

要以整体观念来考虑新老校区的景观关系，要结合它们具体的自然环境，构建相应的生态体系。

第三，突出城市文脉、肌理的延续。大学聚落作为城市中的一个特定区域，蕴含深厚的文化底蕴、拥有珍贵的城市肌理。因此，在大学聚落的规划设计中，如何将城市文化脉络在设计中加以体现与升华，是需要认真考虑的问题。

（2）新建校区人文环境的孕育

校区规划与景观设计，要适应新形势的发展要求。如何使校区景观体现出高层次的文化性，如何使校区景观结合时代特征、地域特色以及新的教育理念，创造出丰富多元的校区环境，以达到环境育人的战略目的，是值得认真对待的问题。

对于新建的校区，需要注重人文环境的整体性塑造。古希腊哲学家亚里士多德对于系统整体性的著名论断是"整体大于它的各部分之和"，一针见血地指出了整体性的意义。大学聚落的人文景观，也要进行整体性营造。这样，一方面校区环境质量得以提升；另一方面，更能凸显校区景观的教育功能，这是大学聚落设计中的核心问题，所以必须加以注意。

准备建的校区，处处要重视人文氛围的塑造。从可操作层面来说，对于待建校区，人文环境营造可以从设计、建造、管理等三个方面着手。第一，要重视大学聚落人文环境的整体设计，明确要表达什么样的主题思想。第二，要明确"建造"是对设计成果的实施，整体的建造是对整体设计忠实的贯彻执行，是整体设计的物化行为，可分为一次性建造和分期、多阶段的建造。第三，管理是对建设决策、设计、施工及使用的管理，以保证景观整体营造成果的顺利实现。

2.2.5　适应多种趋势与复杂因素

1. 新时期的功能多元要求大学聚落环境的多变

（1）多元化趋势：高等教育的改革促使大学的建设出现多元化、巨型化、大学群的趋势。高校办学模式的改革，促使大学办学类型趋向多元化，即除了国家主办的大学以外，各种民办大学也大量出现，所以大学的建设数量也随之增长。同时，招生规模的迅速扩大，加上许多大学重新合并，在原地或异地扩建，从而造成大学向巨型化方向发展。甚至许多大学将新建的多所分校合并在城市郊区，构成规模庞大的"大学城"，形成大学组群，就如同一个小型城市一样。

（2）整体化趋势：主要指在大学聚落设计中，将规划、景观、建筑设计相整合，并以统一的规划理念控制学校的发展。大学的功能分区、交通体系、绿化景观均按照这个理念来规划设计。对于大学的建筑群体、外部空间的营造，也采用比较统一的手法，反对孤立、片面地进行局部规划。由于大学的规模越来越大，学生人数动辄数万人，需要提供诸如教学、研究、交往、公共设施、景观、娱乐等各种空间，所以就要依靠"整体的"思路来调和这些潜在的矛盾，从而保证学校的整体风格。

（3）生态化趋势：生态化、园林化，是当今大学聚落设计的大方向。沿用麦克哈格的《设计结合自然》（*Design with Nature*）的理念，突出体现校园的原生态设计思路。该思路一方面强调对原有基地的河流湖泊、自然山地采取尽量保护的原则；另一方面，对人工生态绿化也给予必要的重视。大学的绿化景观，实际上可以构建立体的绿化景观体系。

（4）组团化趋势：首先，强调校园的综合化，强调多学科的交叉与交流，让学生不仅能够学习本专业的知识，还可以在更大的范围内猎取更加广博的知识。在综合化的设计思路下，往往将校园建筑的不同功能综合考虑、统筹布置。其次，校园建筑的组团化，主要是将建筑群体集中布置，形成比较独立的组群，是一种集约化的布置方式。最后，网络化指在校园建筑总体布局之中，采用网状交织的布局方式，在网络的节点上布置服务空间，在网状的主干上布置功能房间，并保持房间布置的灵活性。

（5）场所化趋势：大学的建筑不仅需要重视单体建筑的设计，同时也要兼顾室外空间场所感的塑造。用尺度适宜、环境宜人、富于变化的多层次的交往空间，来丰富校园生活，就显得尤为重要。

（6）校园文化的延续与校园个性化的设计趋势：老校区的拓展、异地扩建是现阶段大学建筑的常见现象。在老校区的改建和扩建中保持校园原有的个性，延续校园原有的文化，是每所大学的建设者们所必须面对的问题。著名的斯坦福大学由建筑设计师 Coolidge 设计，建筑风格属于罗曼式和西班牙式建筑风格的混合。为了保持这种风格，后续的建筑依然延续最初四方院的肌理，低层建筑、红瓦黄墙、典雅端庄的形式处处可见，整个校园显得和谐统一。

（7）开放化趋势：开放化设计是当代大学一个比较重要的特点。大学各个学科之间不应该是割裂、孤立的，而是彼此之间可以相互联系的综合性大学；同时大学不是局限在校区内的封闭实体，而是应该与市民保持接触的开放性大学。所以，在大学的设计过程中，需要体现两方面的特点：第一个层面，需要注重大学的内部空间与外部空间的联系与交融，注重交往空间的营造，强调师生之间相互开放的特点，促进交流；第二个层面，设计中需要强调学校对社会的开放。从社会的角度来看，社会可以为大学提供种种的方便，解决大学的一部分需求；同时，大学作为培育知识、传播文化的特殊城市区域，又是促进城市其他区域整合的媒介。

2. 大学聚落设计应适应新阶段的多种挑战

在城市化进程中，大学聚落设计面临许多复杂和现实性的问题。随着大学聚落规模的不断扩大、功能的日益复杂，与社会发展之间的矛盾慢慢显现，下面简单列举几个常见的现象。

（1）大学对城市的强势介入

所谓强势，就是一种"自上而下"的方式。当今的大学建设，大多数是由相关的主管部门、领导层、职业的规划师和建筑师来决定。尽管区域经济工作者和规划师们都是力求尊重客观、实事求是，积极寻找双赢的途径和措施，并能在较短时间内围绕建设任务贯彻自己的思想，可是，削弱校园环境的动态适应性，以及校园人文的成长性、缺乏公众的参与性等现象依然存在。随之而来的是，城市土地资源过度占用、各集团的利益冲突、校园建设"速度与质量"的矛盾等问题层出不穷。校园往往要体现领导的"政绩"，成为城市名片，过于追求宏伟的场景、庞大的规模，而忽视校园的空间尺度，以及对人性的关怀。

其实，校园规划设计需要充分考虑和尊重使用者的各种物质和精神上的需求。比如，强调环境育人，重视公共空间和室外空间的创造和优化，建构多层面的交往空间；强调尺度的人性化，以人为本、步行优先的原则，重新审视校园的空间尺度；强调学科交流融合，创造学科交流的建筑群体空间，等等。

（2）大学聚落发展中的新问题

新建的大学聚落，往往位于城市的郊区，老城区内的大学聚落又常常会被置换到城市边缘，从而造成新老大学聚落之间延续性的缺失，以及城市原有的历史文化传统精神的缺失。城市边缘形成的新的校园或大学城往往处于一个初创期，短期内难以聚集人气，其场所感的形成也需要较长的时间。

（3）大学聚落设计的指标问题

原有的大学的指标与现阶段的大学建设相互脱节。业界认为，随着社会和经济的发展，大学的办学模式、大学自身的发展规模、大学与市场结合所带来的种种变化等，使得原有的大学建设标准，即"92指标"，已经不太符合现阶段的建设要求，亟须探寻新的指标体系。

2.3　大学聚落设计方法的建构

2.3.1　宏观（城市）层面：集约型大学聚落

要实现大学与城市的共建和双赢，必须使大学回归城市，而不是远离城市。未来的大学聚落，将是集约的、开放的、智慧的、与社会紧密相连的，这是大学的发展趋势。大学在城市中，将成为公共教育中心、社会文化中心、教育培训中心、社会服务智力咨询中心、高技术产业的创业和孵化中心。因此，大学聚落将突破"围墙"的禁锢，其边界渐趋模糊，实体的校园与隐性的校园相互交叠。

城市层面主要关注两个大的方面：①在国家有关的教育政策和传统文化影响的背景下，大学聚落如何实现高效集约的建设思路；②在大学与城市的关系层面，如何对待大学聚落的集约倾向。比如，如何使有限的城市土地及环境资源发挥出最大效益，在城市中如何运用适度紧凑的群体空间布局方式，如何在城市经济发展的大背景之下引导集约发展，如何实现与城市的文化互动等。至于在城市层面讨论大学聚落的设计，并不是刻意强调大学形态向城市形态靠拢，而是要在大学聚落与城市互动发展的内在联系中，探寻合理的设计方法，制定相匹配的对策，从而促进互动、协调冲突，并为有序发展奠定基础。

2.3.2　中观（校区）层面：整体型大学聚落

1. 功能内涵的扩展与整体设计

当今社会，大学职能由传统的博雅教育，转变为服务社会的大众教育。大学聚落不仅是从事高等教育、科学研究的场所，也是服务社会、产业创新的场地，其功能随着社会的发展不断扩展。当今时代，大学聚落可以说是产、学、研相结合的一体化机构，并被赋予了广泛的服务社会的职能。针对大学聚落的功能扩展，需要着重分析其教学区域、生活区域、科研区域的发展新趋势，需将三大区域作为一个整体考虑，探寻出它的设计方法。

2. 交通体系的独特性与整体设计

当今大学聚落的交通体系，包含机动车交通体系、非机动车交通体系。其中，机动车交通体系，主要包括机动车道、停车场等。非机动车交通体系，主要包括自行车、步行道路，以及相关的停车区域等。大学聚落的交通体系非常独特，具有阵发性的特点，即在大学上下班、上下课的阶段，会出现大量的交通人流，车行与步行时间存在较大的冲突；同时，大学聚落的交通人群也非常独特，主要以大学生人流为主，道路交通系统上面，会产生大学的自行车人流。介于以上原因，必须要有整体的设计思路，协调好大学聚落车行体系与步行体系的相互关系。

3. 景观体系的独特性与整体设计

大学聚落是城市中景观良好的区域，主要包含水平层面的景观和垂直层面的景观。通过水平、立体的景观网络，营建优美的大学聚落环境。因此，必须通过整体设计的方式，梳理大学聚落景观网络的层次性。首先，水平层面的景观包括绿地（包含水系）、斑块、廊道、节点，形成层级性的水平景观网络；其次，立体层面的景观，包含地下、地上、空中、屋顶等各个层面的景观，形成层级性的立体景观网络。对于如此复杂的体系，必须采用整体性的思维方式加以把控，以形成合理的景观体系。

4. 大学聚落规划有序发展与整体设计

目前，大学聚落规划和设计趋于理性。原来普遍采用的刚性规划（大规划），由于缺乏适应性，已逐渐变成可持续发展的规划。在这种背景下，大规模的校园建设，也已被柔性更新计划所取代。一次性、永久性的建设模式，将逐渐成为弹性的、分期的、适应性更强的建设模式。

5. 大学聚落文化的开放增长与整体设计

大学聚落的文化分为三个层面——器具层面、制度层面、精神层面。对于具有如此清晰层级性的文化氛围，如何在大学聚落中加以营造？必须要通过整体设计来实现。

另外，还要明晰大学聚落求真、求实、绿色、创新、联动等精神层面的内核，从而丰富大学聚落文化的相关制度。最后，通过具体的"物化"表现，如建筑、雕塑、景观等，物化成器具层面的校园人文环境。

2.3.3 微观（建筑）层面：场所型大学聚落

大学聚落如同一个小型的社会，包含了各种各样的活动。校内的建筑不仅配有为学习和研究服务的设施，同时还有大量满足师生员工生活与娱乐需求的辅助设施。这些使用目的不同的建筑，其功能组织方式有各自的独特性，并且相同类型的建筑之间，由于使用者的不同要求，也会有较大的差异。例如，同样是实验用房，根据学科使用的不同，平面组合与房间内部设计就有多种方式。因此功能分区是否合理、功能房间是否适用、交通组织是否流畅等都是建筑设计所要解决的根本性问题。

随着社会的发展，人们更注重彼此交流的质量，而空间的设计在这个方面的媒介作用是不容忽视的。对非正式交流空间给予充足的理解和关注，既是知识经济时代人们获取信息的手段，也是现代人情感得以满足的需要。

大学聚落中的建筑，不仅要为学生提供学习、生活空间，而且还要提供讨论、展览、休息和独处思考等多种空间形式。从设计的角度为学生提供讨论、交流、活动、娱乐、展览和休息等这些引发创造力的空间，以利于学生学习与身心的全面发展，同时也有利于改变机械、单一的空间形态，丰富空间层次，以形成人性化的空间尺度。

交往空间的设计应该注意多层面、多场所的多元化、立体化趋势。它重视外部空间、开放空间、中介空间，在室外表现为庭院；在室内可以扩大公共廊道，增加公共活动内容，如小憩、资料查阅、展览等功能。在室内外交融的"灰空间"以架空层、楼梯、平台、凹廊、外廊、屋顶花架等方式为主，强调内外空间的渗透交流。大学聚落的建筑设计，应把"以人为本"的宗旨落实到设计的每一个环节中，从使用者——学生、老师的心理要求、行为方式及感知经验等出发来进行设计，注重"人"的场所的塑造，使人成为环境营造的基本宗旨，体现对人的终极关怀。对于某些体量巨大的校园建筑，结合功能的划分，宜采用化整为零的设计手法，将大空间、大体块划分为若干小空间，以减少建筑对校园空间的压迫感。同时，化整为零的设计有利于创造各种不同尺度的交往空间，适用于青年大学生不同的空间需求。

3 基于城市层面的大学聚落设计

3.1 城市层面设计的关注焦点

3.1.1 集约化设计

世纪之交，大学的校园建设高速发展，取得了巨大的成就，培养了大批的人才，极大地提升了高等教育的普及程度。但是，由于建设速度过快、设计周期较短，难免会出现重视速度、忽视质量、贪大求全、消耗巨大等问题，校园建设在整体上依然呈现一种较为粗放的发展方式。针对上述问题，我们需要转变观念，采取"集约化设计"。也就是说，在设计时要重视对土地资源的保护、维持合理的建筑能耗、加强对自然生态的保护，使高校建设走勤俭、精益、高效、内涵式的发展道路。这也是当前高校建设的必然取向。要进一步认识大学聚落的复杂性，认识大学聚落发展的阶段性与过程性，认清中国"地少人多、资源匮乏、环境恶化"的严峻现实，引导大学聚落设计走向健康、集约化的发展道路。

需要强调的是，大学聚落集约化设计，其出发点是从土地利用开始的，但其着眼点是在效益上。大学聚落集约化设计，除了强调经济效益以外，还加入了环境效益和社会效益的目标体系。

3.1.2 范围界定

1. 大学聚落集约化设计与城市的关系

大学聚落作为城市聚落的一个组成部分，一直以来，与城市聚落有着血脉相连的关系。大学聚落作为城市中一个特定的聚居区域，如同一个复杂的小型社会，它的形成方式和城市聚落的形成方式有着某种同构特性，也就是说，大学聚落空间构成发展的原则和方法，与城市聚落空间构成发展的原则和方法具有同构性。可以说，"大学设计是都市设计的实验室"。[1] 所以，大学聚落设计，不仅仅是一个空间形态层面的问题，同时也涉及空间形态背后的经济、社会、文化、历史、方针政策等深层次问题。

---

[1]约瑟·路易斯·赛特语。

我国大学建设走过了百年历程，大学与城市之间形成紧密的联系。从民国时期第一所大学产生，到中华人民共和国成立初期的大学调整，再到改革开放以来大学建设的高速发展，使得大学在城市中扮演着愈来愈重要的角色。不过，在城市化进程中，大学校园规划也面临许多复杂而又现实的问题。随着校园规模的不断扩大、功能的日益复杂化，当前校园规划与社会发展之间的矛盾慢慢显现出来，下面简单列举两个常见的现象。

首先，大学对城市空间的一种"自上而下"的强势介入。[1] 城市领导层、相关的主管部门、规划建筑设计师，共同主导着当今大学的建设。虽然大家在设计过程和管理监控过程中，努力尊重客观事实，力求做到实事求是，但设计中缺乏公众参与、忽视大学文化的成长、削弱大学校园动态环境适应性的现象仍然存在。因此，大学建设过程中"速度与质量"的矛盾比较突出，校园环境单一乏味，文化韵味不足。

其次，大学建设与城市大环境的对话问题也值得关注，大学与城市的关系应该得到充分的重视。大学校园如何走出"象牙塔"模式、打破"围墙"，如何对社会开放，如何解决大学与城市的融合互动，使大学的边界模糊化，如何体现大学与城市的资源共享、优势互补等问题，均值得深入思索。还有，原有的大学指标与现阶段的大学建设现状相互脱节。随着社会和经济的发展，大学的办学模式、大学自身的发展规模、大学与市场结合所带来的种种变化等，使得原有的大学校园建设标准，即"92 指标"，已经不太符合现阶段大学的建设要求。

2. 大学聚落集约化设计与高等教育政策的关系

（1）办学理念对大学聚落发展的影响

自 20 世纪 80 年代起，在世界范围内，特别在中国，高等教育发展热潮不断涌起。从 1977 年恢复高考制度以来，我国高等教育变革已经累积了近 40 年的经验。不过，由于历史原因，我国的教育事业存在许多弊端。如专业设置、课程体系与对人才培养的需求有一定差距；教学管理体制比较僵化；学生自主学习的空间比较狭小；部分教学内容比较陈旧；教学手段和方法比较落后；教学实践环节比较薄弱等。衣俊卿教授认为，"所有这些问题的存在，都与以群体为本位、否定个性、自在自发的传统文化模式和文化观念有着深层的联系"。[2]

未来世界各国的教育理念的发展趋势是怎样的呢？根据我国教育理论界的权威人士分析，面向 21 世纪，国际高等教育的发展有以下六个主要的趋势："一是高等教育与产业界、与整个世界生活的关系越来越密切，主要因为高等教育在社会和经济发展中的作用和地位越来越重要，高等教育已从社会的边缘走向社会大舞台的中心；二是高等教育将进一步向大众化和普及化方向发展；三是高等教育将由单一系统向多元系

① 王建国，程佳佳. 海峡两岸校园规划建设研究［A］. 第六届海峡两岸大学的校园学术研讨会. 广州：华南理工大学，2006.
② 衣俊卿. 论高等教育理念的深层转型［J］. 中国大学教学，2003（5）：11 - 13.

统转变；四是高等教育经费目前主要由政府负担，将转向由社会和受教育者个人负担；五是国际化趋势明显；六是高等教育培养的人才更注重人文及宽广知识的教育，培养更加全面发展的人才……我们认为这几个趋势在目前高等教育中越来越明显，我国的高等教育只有走出一条具有自己特色的道路，才能够更好、更深入地融入世界高等教育发展的潮流中，才能在世界高等教育之林中有一定的地位。"①

（2）正确的教育理念是大学发展的推动力

现代教育政策及其理念，强调学科的交叉与融会贯通、知识的开发与创新。在现代教育理念指导下，大学的教育将由精英教育走向大众化教育，教育的形式将走向多样化。所以，大学聚落在现代教育理念指导下，将发生以下四种转变：①当代大学人才培养方式的转变，即从单一的人才培养观到复合型、开放型的人才培养观；②当代大学职能转变，即从单纯的传授知识职能，转为面向社会的综合职能，融合"教学、科研、服务社会"三大职能；③当代大学教育方式的转变，从单向灌输到互动方式；④当代大学办学方式的转变，即出现多种办学方式。

人类社会正从工业时代走向信息时代，社会的深刻变革，必然导致高等教育理念的变化。由此，大学聚落将面临多种因素的影响。新时期大学聚落的塑造，必须依据现代教育理念，探寻正确的大学规划设计理论和方法，以适应当今社会对大学的办学要求。目前，社会需要高素质、开拓型、复合型人才。此外，在知识经济时代，促使教育内涵由传统的教师对学生的单向灌输，转向以学生为主体、师生互动，以素质培养为宗旨的方式。这一思想，要在未来的大学聚落设计中加以充分重视。

3.2 适度群构的大学聚落

3.2.1 大学聚落区位发展体现某种集聚

在绝大多数的情况下，大学是城市的一种机构。在近千年的发展历史中，大学诞生于城市，又从城市走向城郊、乡村，后又回归城市，大学与城市的区位关系复杂而丰富。以城市为衡量标准，基本上可以将大学的区位，做如下分类：①位于城市中的大学，这在大学与城市的区位关系中占有主要的部分；②位于城市边缘或郊区的大学，是大学的逆城市化区位现象；③位于乡村的大学，主要指美国殖民早期在广阔田野上建立的大学（campus）；④大学城镇，就是将一个小型城市作为一所大学。下面针对每种区位关系，进行较为详细的论述。②

1. 散落在城市街区中——一种自由聚合方式

散落在城市街区中的大学，往往以欧洲大陆国家的大学为代表。这种大学融入城

---

①引自中国高等教育学会秘书长张晋峰谈话，http://www.media.edu.cn/.
②周承. 基于"城市"的大学校园形态更新 [D]. 广州：华南理工大学，2004.

市之中，与城市街区中其他建筑混合使用。因此，大学的边界模糊、不确定，校园建筑在街区中分散、灵活布置，和城市社区相互混杂在一起，较难形成独特的校园空间秩序。这种大学往往经过长时间的发展演变，拥有悠久的校园历史，因为散落在城市中，往往服从于城市结构的发展。这样的例子有不少，例如法国的巴黎大学，美国的耶鲁大学（图3-1）、纽约大学，意大利的博洛尼亚大学，德国的明斯特大学，英国的伦敦大学（图3-2）等。

巴黎大学原址坐落在巴黎市内第五区。13世纪，位于该地区的大学以拉丁文传授知识和交谈，所以该区又被称为"拉丁区"，它是一个知识密集的地区。现在所说的巴黎大学（Université de Paris），实际上是13所巴黎大学的联合体。1971年1月1日，新生的13所巴黎大学同时宣告成立，各自独立，没有隶属关系，但共同拥有一个名称"巴黎大学"。巴黎大学在城市中的位置分散，如巴黎第一大学位于市中心的拉丁区，而巴黎第十一大学却位于巴黎西南郊区。意大利的波罗尼亚大学（Università di Bologna）历史悠久，创建于1087年，它是意大利也是欧洲和世界上最古老的大学。大学里的重要建筑坐落在博洛尼亚市中心，其他各分院分散在市区内，大学占地面积35万平方米。学校的多元化校园结构和5个校区，分别坐落在博洛尼亚市、希耶纳、佛罗、拉文纳和里米尼。这所学校的悠久历史，对于那些想了解欧洲文化全景的人们来说，是不可缺少的珍贵参照物。

大学在街区的自由分布，与早期大学的自然萌发密不可分。在欧洲，大学最初是教师和学生组成的行会，经过漫长的阶段，形成散落于城市街区的形态，与城市结构有机地组合在一起，成为城市社区的一个自然组成部分。

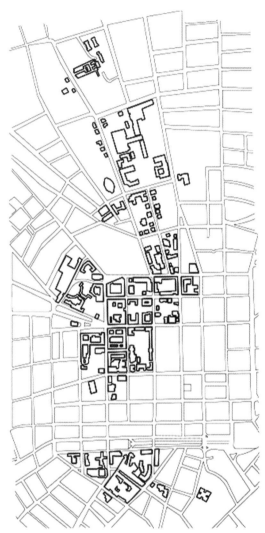

图3-1 耶鲁大学散落分布状况

（来源：齐康. 大学校园群体［M］. 南京：东南大学出版社，2002：124.）

2. 集中的院落聚合方式

方院式大学以英国的大学体系为代表。大学通常围合成四方院的形态，独立占领一个城市的区域，校园的功能比较集中。方形院落空间比较封闭，体现了英国绅士的精英教育思想，学校成为与世隔绝的"象牙塔"。据传，早在 12 世纪，从巴黎大学归国的一批英国学者，在牛津大学、剑桥大学发展了自己的大学体系。牛津大学、剑桥大学倡导"博雅教育"的思想，不仅强调大学中知识的传授，更加强调培养人的综合素质，老师和学生之间是一种亲密的僧侣式的关系，他们处于与世隔绝的"四方院"构筑的象牙塔内，过着某种遁世的生活（图 3 - 3）。四面封闭的方形院落空间，相互嵌套，形成有序列的空间氛围。当时大学的功能，如教堂、食堂、教室、集会的大厅、研究室、办公楼、宿舍等，均集中在方形的空间体系之中。类似的例子还有美国的爱克斯学院艺术中心（也是典型的院落空间结构）、美国弗吉尼亚学术村（图3 -4）、我国清朝末期的京师大学堂等。

3. 更大范围的集中分布方式

集中整体的学院（college）或综合性大学（university），是在城市中某一个区域，进行更大范围集中建设的校园。从区位上看，多个大学校园建筑或建筑群体，占用城市中心的某一个区域；从构建方式上看，可以将之分解为两大类别：一类是经过几百年的时间自然形成的集中区域，另一类是在短期主动建设而成的集中区域。

第一类型，指的是大学从诞生开始，通过长时期的自然发展，逐步在城市中

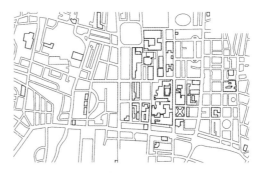

图 3 - 2　英国伦敦大学散落式聚居

（来源：齐康. 大学校园群体 [M]. 南京：东南大学出版社，2002：95.）

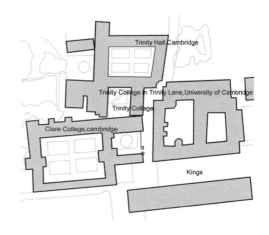

图 3 - 3　剑桥大学 Clare Hall；Clare College；
　　　　　Trinity College

（来源：华南理工大学建筑设计研究院整理）

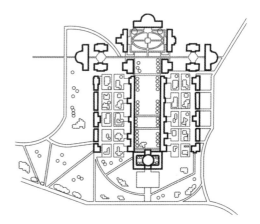

图 3 - 4　弗吉尼亚学术村

（来源：华南理工大学建筑设计研究院整理）

形成较为集中的区域，例如德国柏林大学、法国斯特拉斯堡大学等。柏林大学历史悠久，1810年，普鲁士教育大臣、教育改革家威廉·冯·洪堡主持成立了洪堡大学，它是柏林大学的前身。在漫长的岁月中，洪堡大学逐渐发展壮大，聚集了大批人才，成为当时欧洲的文化中心，并被称为"所有现代大学之母"。不过，逐渐聚集、颇具规模的洪堡大学，在两次世界大战时期均受到不少冲击。"二战"后重新建设，一部分为柏林洪堡大学（位于东柏林），另一部分为柏林自由大学（西柏林），直至1990年德国统一以后，又合并成为比较集中的现代大学（图3-5）。如今，柏林大学在生物、医药、数学等方面实力雄厚，空间分布也比较集中。

第二类型的校园，在开始设计的时候就突出强调功能分区的设置，具有很强烈的"主动规划"的韵味，这主要是受《雅典宪章》的思想影响。该宪章于1933年由国际建筑协会第四次会议提出，强调城市建设要进行功能分区。由此，大学建设过程中，出现了先主动进行教学区、生活区、科研区等规划设计，再进行建设的方式。我们将之称为一种"短期建设、主动规划"的方式。这种方式，是当代大学校园的主要建设方式，相关实例不胜枚举，例如美国的芝加哥伊利诺伊理工学院、约旦的雅穆克大学、日本筑波大学、瑞士洛桑工业大学、我国的清华大学、北京大学、复旦大学、深圳大学、广州大学城等。

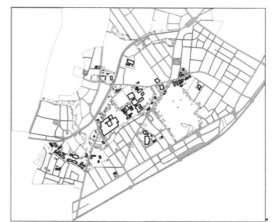

20世纪以来，大学的功能分区理论发展日趋成熟，校园的规模也相应增大，校园规划设计采用明确的功能分区设计。在城市中，具有明确功能分区的集中校园变得越来越多了。

图3-5 柏林自由大学
（来源：华南理工大学建筑设计研究院整理）

4．扩散到城市郊区：反集约

进入20世纪以后，随着城市的不断发展，城市土地资源越来越匮乏，许多城市中的大学，纷纷在城市郊区另辟新地，建立自己的分校，具有"反集约"的特点。

近些年来，在大学建设高速增长时期，也出现过新建校园郊区化的现象。由于城市中心用地紧张，许多大学常常在城市周边地区寻找地块，建立自己的分校。在大学的扩建过程中，这样的例子很多，例如浙江大学的异地建校（图3-6、图3-7）、重庆三峡大学的异地建校等。

不过，我国高等院校绝大部分仍然集中在市区内，位于大城市中的学生人数占学生总人数的78%，反集约的现象并不是主流，不能反映总体趋势。①

在国外，异地建校的情况也很多。20世纪中后期，由于在欧美出现逆城市化的现象，高校校园的区位又出现新的波动。这一现象的出现，主要是由于欧美国家加大对教育的资金投入，从而使得大学拥有足够的资金向城市郊区进行扩张。

与此同时，欧美对战后的高等教育推行大众化（即高等教育毛入学率要在50%以上）政策，大学入学人数急剧增加，大学的数量亟待增加。在政府的积极干预下，各国不约而同地选择在城市边缘建大学。例如，英国在20世纪60年代，大力推动高等教育普及化，建立了一批位于城镇边缘的大学，包括萨赛克斯大学、东安

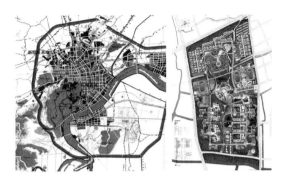

图3-6　浙江大学异地建校
（来源：华南理工大学建筑设计研究院整理）

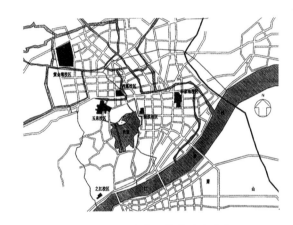

图3-7　浙江大学区位的动态分布
（来源：华南理工大学建筑设计研究院整理）

格利亚大学、华威大学、肯特大学等。这些大学一般距离城市中心10～15千米，只有公路与城市中心相连，反映了当时大学区位的发展趋势。类似的现象在20世纪的美国也出现过。美国的大学建设浪潮一直延续到20世纪60年代才逐渐结束，1954年美国的高等教育毛入学率已经达到45.4%，1997年更是达到80%。大量的建设使得一部分大学建立在郊区。由于距离城市偏远而带来了许多问题：首先，因远离市区，交通不便，难以解决师生的食宿问题，从而限制了学校规模的正常发展，特别是在建校的初期，往往建设资金有限，较难拿出足够的资金用于生活设施的建设，师生住宿的矛盾更为突出；其次，大学脱离城区，影响了与城市生产生活的联系，这对大学和城市来说都是一种损失。

①许葆. 城市社区环境的大学结构演变与规划方法研究——以欧、美及中国等为例［D］. 天津：天津大学，2006：
　39-67.

5. 巨构大学（multiversity）

"二战"以后的三十年间，美国出现了巨构大学。这种大学空间复合、功能集约，并集中成为一个体型巨大的建筑体，是具有超尺度的空间建筑，如美国密西西比的 Tougaloo 学院（图3-8）。

美国巨构大学产生的背景是：1945年退伍士兵的归来，直接导致了20世纪60年代的婴儿潮。20世纪30年代的经济大萧条过后，政府的财政援助大幅度提高。1963—1975年间，大学的总量整整翻了2倍。据统计，1955年大学生总数270万人，到1960年则增加到700多万人。随着女权运动和反种族歧视运动的逐步深化，女性学生和黑人学生的人数也大幅度提升。美国青年受高等教育的比例已经达到了英国的1.5倍。这些数

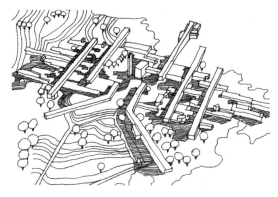

图3-8 美国密西西比的 Tougaloo 学院
（来源：华南理工大学建筑设计研究院整理）

字的背后，意味着美国高等教育在各个方面的广泛扩张。[①] 在这种情况下，美国人对综合性大学则抱有了很高的期望。于是，一种新的教学机构诞生了，这就是巨型综合大学（multiversity）。这种新型大学，可以简单地理解为独立的巨型校园，或者是多个校园的联并。同样的现象，在其他地区和国家也出现过，例如香港科技大学、香港城市大学、加拿大的西蒙·弗雷泽学院等。

香港作为亚洲高等教育高度发达的城市，在校园建设方面有着比较成熟的经验。特别是在高强度开发的地段，形成了许多功能复合的巨型校园。例如香港科技大学的教学科研组团，就是呈狭长分布的巨构建筑；又如香港岭南大学核心区，也是一组巨构建筑；而香港理工大学，则是由若干方形的"网格化空间"连接而成的巨型教学建筑群体。这类建筑的产生，都是为了适应土地资源的最大化利用，高度集约、高强度开发的结果。

当代美国学者克拉克·科尔（Clark Kerr）称，先前的教育家纽曼等所述的大学是"村落"和"市镇"，用地粗放、宽泛；与之相反，当今这些位于高度密集现代都市中的大学，则在数量、组织、成员、活动等方面，和以前的大学大相径庭，它们是功能的多重复合，常常会演化成为"巨构"这种高度集约的空间模式。

6. 大学城

西方"传统的大学城"，可以追溯到13～14世纪。在这一时期，西欧各国相继建立了多所大学，如著名的英国牛津大学（建于1168年）、剑桥大学（建于1209年）（图3-9）；意大利的帕多瓦大学（建于1222年）；法国的图卢兹大学（建于1230

①刘宝存. 大学理念的传统与变革［M］. 北京：教育科学出版社，2004：75－85.

年），等等。英国牛津大学、剑桥大学通过几百年的自然发展，逐步形成一个以大学为主、具有一定规模的大学城镇，即所谓的传统"大学城"。①

西方"现代大学城"发源于美国硅谷模式。硅谷模式的核心，是将大学和科技研发联合在一起。硅谷的斯坦福大学校长、电子学教授特曼于1951年提出"技术专家社区"的构想，指出大学不能办成纯学术的象牙塔，而应该兼有科研和技术转让基地的特性，并以此理念创办了斯坦福工业园。随着社会进一步发展，硅谷不但成为世界首屈一指的电子工业中心，而且孕育了斯坦福大学、圣塔克拉拉大学和圣何塞州立大学，以及9所专科学校、33个技工学校、100个以上私立专业学校，形成了西方现代大学城的发展模式。其显著特点是"产、学、研"一体化。

所谓大学城，从狭义上说，是在一个地域范围内，围绕着一所或几所大学所组成的社区；广义而言，则可以扩展到整个城镇的范围（如英国的牛津镇、剑桥镇等）。大学城在狭义上的含义，与"高教园区"的含义相似，它可以看作是以大专院校、科研机构为依托的知识园区和高科技园区。它通常是将若干个大学聚集在一起，形成一个以大学为枢纽，辐射周边地区，集教育、产业、生活服务为一体的城市特定区域。虽然大学城与

牛津大学平面图　　　剑桥大学平面图

牛津大学全景

剑桥大学国王学院

剑桥康河　　　　　剑桥大学商学院

图3-9　牛津大学、剑桥大学城镇
（来源：华南理工大学建筑设计研究院整理）

高教园区含义相似，但又不能等同于高教园区的理念。大学城强调的是与城市之间的互动关系，从定位上应该高于高教园区。21世纪初国内大学城的建设有过一段高潮，

①窦建奇，王扬. 从"牛津城"到"广州大学城"——国内外大学城不同形成方式所带来的思索［J］. 新建筑，2007（1）：20-23.

据统计，现有 30 多个城市正在规划建设大学城，全国的大学城总数超过 50 个。图 3 – 10、图 3 – 11 分别为广州大学城、深圳大学城西校区北大园区规划图。根据广州市城市规划局、广州市城市规划编制研究中心发布的关于《国内大学城研究》项目报告，目前国内大学城的形成大约经历了三个阶段：第一阶段，北京、天津、上海、南京等大城市的一些高校与当地教育部门合作，选择邻近市区的地方，新建大学分校，扩大招生规模。第二阶段，随着高校调整办学结构、加大专科教育规模、为地方经济服务等目标的确立，一些经济发达、工业生产企业数量较多、规模较大的城市，纷纷与高校合作，相对集中地建立二级学院或分教点，满足城市经济发展的需求。第三阶段，高校扩招政策出台以后，一些地方政府或企业抓住高校扩招和高校后勤社会化改革的契机，在城市的郊区或开发区，兴建以高等教育为主体，集"产、学、研"为一体的大学城，如上海松江大学城、广州大学城等。

图 3 – 10　广州大学城规划
（来源：华南理工大学建筑设计研究院整理）

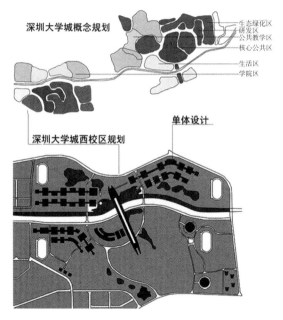

图 3 – 11　深圳大学城西校区北大园区规划
（来源：华南理工大学建筑设计研究院整理）

从中西方大学城发展概况可以看出，国内大学城的形成，是国家高等教育快速发展、高校扩招这一特定时期的产物。它往往由政府、企业以及各高校等集中投资，快速兴建，可以说是一种"主动构建"的方式；而国外的大学城区，不论是相对集中的高科技教学区，或是大学城市化的城镇，一般都是长时间"自然形成"的。

我国大学城在发展的初期，由于建设速度快，的确遇到一些复杂的问题，与城市的融合程度还需要慢慢培养。相比较而言，西方大学城往往经过长期自然发展，逐步达到某种"自然的理性"，形成了适应城市发展的良性模式，这给我们很好的启示。经过对国内外经验教训的研究总结可知，大学城总体布局不仅要满足现代高校的功能使用要求，保证高校建筑空间环境与教育模式相适应，而且要塑造符合城市设计和空间美学要求的校园环境，并解决好与城市资源间的互动问题，使得其能够健康、持续地发展。

3.2.2　大学聚落多元群构分布方式

1. 大学聚落形态多元复杂

（1）方院：以英国传统的大学为实例。早期在巴黎大学留学的英国人回国以后，开始建立自己的大学体系。与欧洲大陆的大学有所区别的是，英国的大学不是完全自由散落的，而是集中在某一个街区，形成比较集中的庭院式的空间组合形式——方庭。这种院落功能比较集中，教学、住宿、食堂等功能都集中在"方院"之中，形成"方院式"大学独有的形制。"方院"的空间可以是一进，也可以是若干"方院"形成几进院落。"方院式"大学往往占有一个街区完整的地段，这和欧洲大陆自由散落的大学形式不同（图3－12、图3－13）。

（2）核心：随着高等教育事业的不断发展，城市经济、文化水平以及艺术、审美水平的不断提高，人们对校园规划也不断提出新要求。一些新的理念纷纷被提出，新的形式不断涌现，高校校园空间呈现突破性的发展。校园分区虽然仍以功能分区为基本构架，但校园的格局明显舒展、活泼了。新建校园会形成一个中心区域，围绕一个"核心"塑造空间。"核心"中的建筑，主要由具有标志性作用的图书馆、教学主楼等组成。中心建筑群又往往与周边的自然环境、集中的绿化景观相结合；有的甚至以校园中心

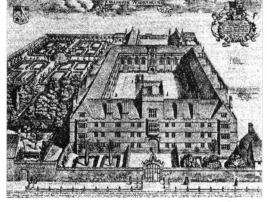

图3－12　牛津大学 Wadham College

（来源：李河．美国大学校园规划演变研究［D］．广州：华南理工大学，2004．）

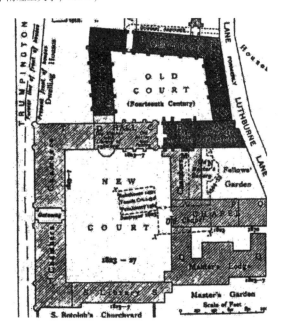

图3－13　剑桥大学 Corpus Christ 学院

（来源：李河．美国大学校园规划演变研究［D］．广州：华南理工大学，2004．）

休闲区、生态景观、集中绿地区为核心，构成校园规划结构的中心核，并由此联系校园的各个功能区。如上海大学、江汉大学等，这些都是20世纪90年代前后有代表性的校园规划，由于其规划既有传统的内涵，又有现代的新理念，故又被称为现代传统型。这已成为当前校园规划中的主流模式，如美国加州大学Ivrine分校，以及麻省理工学院总体规划（图3-14、图3-15）。①

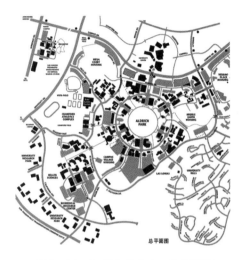

图3-14 加州大学 Ivrine 分校平面
（来源：华南理工大学建筑设计研究院整理）

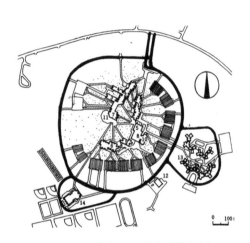

图3-15 麻省理工学院总体规划

（3）组团：这几年，大学的整体建筑布局中，通常采用一种组团化、网络化的方式，即建筑的群体布局往往集中成团状，同时若干建筑组团又形成相对独立的功能区域——"簇群"。这样的空间组织，有些类似于生物的细胞体分裂方式：校园建筑的一个组团就相当于一个细胞体，新的组团空间依托原有空间不断分化，同时又保持原有空间的固有特质、属性，就像细胞一个一个分裂一样（图3-16）。②当然，在此引入"细胞生长"的理念，不是要"形而上学"地做死板的类比，而是要将它和校园空间机制形成有机关联，强调校园建筑布局的整体、活力。正如

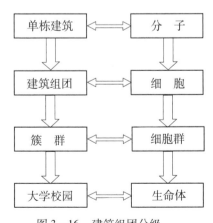

图3-16 建筑组团分级

①周逸湖，宋泽方. 大学校园规划与建筑设计［M］. 北京：中国建筑工业出版社，2006.
②涂慧君. 大学校园整体设计［D］. 广州：华南理工大学，2004.

C. 亚历山大所说的："我们说的某些事情整体发展，是指它们自身的整体性，是它们的出生地、起源以及连续性生长过程中的不断繁衍。新的生长是由原有具体的、特殊的结构属性产生的。它是一个独立的整体，这种整体的内在规律以及它的发展支配着事物的连续性，并控制事物向更高阶段发展。"例如，美国加州大学圣地亚哥分校，就是采用一种组团分布形式（图 3-17）。

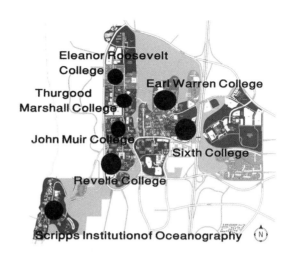

图 3-17 加州大学圣地亚哥分校组团布置
（图片来源：根据网上地图整理）

"细胞生长模式"是一种层级清晰的有机生长脉络。如图 3-16 所示，校园建筑整体空间布局有如下的层级关系：①单栋建筑体；②若干建筑组成的建筑组团；③若干建筑组团形成的"簇群（功能区）"；④若干"簇群"形成的校园整体。它们分别可与有机体的分子、细胞、细胞群、有机生命体等概念相对应。两者之间还可以找到这样的对应关系，即分子组成细胞、细胞组成细胞群、细胞群组成生命体。这之间的层级关系，依靠内在的生命规则为基础。相应地，在校园建筑总体布局中，单栋的建筑相当于分子；若干建筑组团相当于细胞；若干组团构成的"簇群"形成细胞群；而若干"簇群"构成整个大学聚落空间的生命体。当然，如同生物体内在的生命规则一样，大学聚落建筑整体布局也以内在的有机秩序为基础。将"细胞生长模式"引入校园建筑整体布局，有其内在的合理性：首先，它可以在校园规划中，形成层级关系明确的"生长脉络"，使得新的生长体（即以后新建的功能区）始终纳入校园的整体框架、脉络中；其次，它倡导的是一种开放的布局方式，建筑分布比较灵活，同时各建筑组团也可以像细胞分裂一样继续生长，使得校园规划拥有一定的弹性，有利于大学聚落的可持续发展，如浙江大学新校区等（图 3-18）。

（4）巨型：高密度、集中建设的大学，常采用集约化的设计思想作为大学空间组合的方式。集约化的设计思想，指的是在一个较为集中的城市

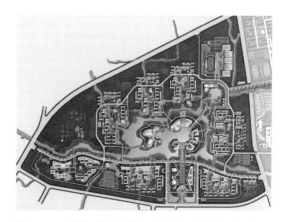

图 3-18 浙江大学新校区规划的"细胞生长式"
组团布置
（来源：华南理工大学建筑设计研究院）

地段，构筑功能集中综合的大学；或是将规模巨大的大学集中浓缩，形成巨构的大学；甚至一栋建筑就可以形成一所大学。这样的实例有很多，比如法国巴黎第一大学、德国柏林自由大学、德国康斯坦茨大学、英国东安格利亚大学等，就是高度集约的校园。而高密度集中，形成巨构建筑，甚至单栋建筑就是一个校园的例子也不少，如新加坡淡马锡理工学院（图3-19）、中国澳门东亚大学（图3-20）、美国波士顿大学、阿拉伯海湾大学、英国埃萨克斯大学等。① 新加坡淡马锡理工学院占地30万平方米，是建筑大师詹姆斯·斯特林的最后一件作品。中央的马蹄形平面，组合成象征友好和辉煌的空间氛围。其他几个学院呈"核心放射状"布置，是一座能容纳11400名学生和约1000名教师的学院。

（5）线型：校园线型发展，是大学聚落空间组合的常见形式。该种形式，常常将公共教学、教学服务等建筑集中布置成"线型核心"，用校园中央干道将它们串联起来，并向两端延伸，专业教学和研究设施则沿"线型核心"的两侧发展。② 印度尼西亚底波克校园就是这样的例子（图3-21），校园教学区以两条相交为钝角的街道构成校园的核心，其中某些段扩大成小广场，校园中几乎所有建筑都沿着主要街道或与之垂直延伸，交叉围合出无数方形或三角形的庭院。日本的丹下健三在东京规划中，也采用类似的构思，提出"都市

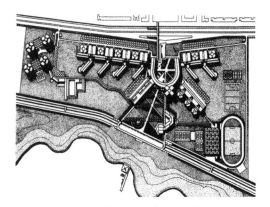

图3-19 新加坡淡马锡理工学院
（来源：华南理工大学建筑设计研究院整理）

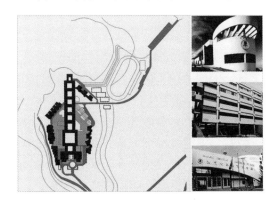

图3-20 澳门东亚大学平面
（来源：华南理工大学建筑设计研究院整理）

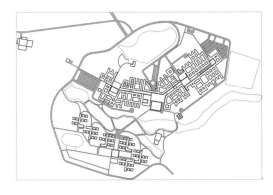

图3-21 印度尼西亚底波克校园
（来源：华南理工大学建筑设计研究院整理）

---

①许蓁. 城市社区环境的大学结构演变与规划方法研究——以欧、美及中国等为例［D］. 天津：天津大学，2006：
　39-67.
②刘燕. 现代城市大学校园［D］. 北京：北京工业大学，2001：59.

轴"的概念，把"向心放射型"的城市系统，改革为"线型平行放射状"的系统，极大地缓解了城市中心的过高负荷，使城市成为如脊椎一样生长的有机体。意大利的新卡拉布里大学也同样应用了这种理论，用一座长 3 千米的"桥"状空间，将拥有 12 个系、14000 名学生的大型校园水平串联起来，联合起散布在校园基地山坡上的各项建筑设施。校园中的"桥"，是一个立体交通系统，上层是高速机动车道，下层是人行道，两层道路之间的构造层是各种管线通道，尽端则分别与高速公路和铁路车站相衔接。"长桥保证了学校内部，以及学校与外界快速而有效的联系，并使学校有充分而灵活的发展余地"。

　　在此要强调两点：①简单单一的线型发展方式，往往是以校园主要空间作为轴线的发展方向，围绕轴线两边，组织校园的各类建筑物，如同城市之中的街道一样。在这种格局下，轴线的"线性景观"将是学校的主要景观轴线。②在复杂一些的线型空间布局之中，可以采用多个"校园街道、步行绿化景观带"所构成的视觉景观轴线，作为校园发展轴线，周边布置组团式建筑群体，形成复合的轴线发展方式，如英国的巴斯大学（图3-22）、我国的浙江大学等。校园的轴线不一定只有一条，可以有若干条，它们之间可以采用"树状结构"，

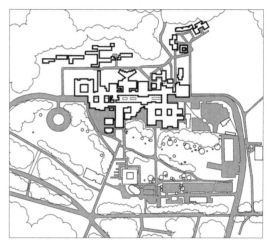

图 3-22　英国巴斯大学

（来源：周逸湖，宋泽方. 大学校园规划与建筑设计［M］. 北京：中国建筑工业出版社，2006.）

即在一个主要的发展脉络上，再构建几个分支，在各个分支上，还可以继续发展，如江南大学、中山大学珠海校区。

　　（6）网格：用规整的网格来组织校园空间，是大学校园中一种特殊的组织方式，典型的实例如约旦雅穆克大学。该模式可以说是"线型模式"的演化版，当"线"从一条发展至数条后，线与线之间相互叠加合成，便形成交叉的网格空间系统。每一网格构成一个院，院与院之间相互分隔又相互联系。它的形成有两种：①用道路依据一定"模矩"划分基地，形成交叉的道路网格，然后将建筑物嵌入标准的网格单元中。网格的形成，可以是纵向和横向均按一定的"模矩"划分，也可以只在一个轴向上按"模矩"划分，这样设计起来更具有弹性。如柏林自由大学，根据各院系所需面积的大小来划分空间，空间形态显得更活泼。②把建筑物作为"线型"主体，在纵、横方向上均按标准"模矩"布局。如此线型建筑相互交织在一起，形成网络状的院落空间关系。网络状布局，可灵活调节教学用房的使用性质，对于当前国内大学院系合并、学科整合的大趋势，比较有利。

　　约旦的雅穆克大学校园，是由日本著名建筑师丹下健三规划设计的，它是网格形

态的典型代表，如图 3 – 23 所示。在校园规划中有两条互相垂直的轴线：一条是南北向的"社会轴"，沿着这条空间轴线，布置了剧场、会议厅、学生中心、清真寺、旅馆等建筑，对一般的社会民众开放；另一条是东西向的"学术轴"，各个学院建筑都沿着"学术轴"成45°布置。如此形成许多蜂窝状的方形小院，同时一个内院或两个内院组成一个科系，通过内院不同的景观设计而使它们有所区别。在"学术轴"两侧，建筑物形成很多锯齿形空间，设计师在此设置了形状各异的讲堂、食堂，便于学生使用。

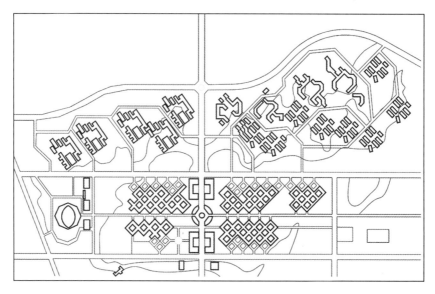

图 3 – 23　约旦雅穆克大学平面
（来源：华南理工大学建筑设计研究院整理）

网格式的布局是比较严谨、均质的，它们往往采用一个统一的几何母题作平面上的重复与韵律布置，整个空间很有节奏，也有统一的结构。校园建筑可以运用模数式设计原则进行设计，并在校园单体建筑模数化的基础上，将校园总平面格式化，形成有规律的网格，并在其中重复布置建筑，形成一定的肌理与韵律。这是最近比较独特的校园总体布局模式，除了约旦的雅穆克大学校园，我国的北京中国政法大学、沈阳建筑大学稻田学院都是类似的实例（图 3 – 24、图 3 – 25）。

（7）综合：放眼世界，大学聚落的形态何止千万。大学与社会息息相关，是城市空间重要的组成部分，其形态具有相当的复杂性。除了以上几种聚合形态，还有许多自发的、自组织的聚合方式，在此都归结为大学聚落形态的综合方式。

2. 大学聚落呈现多元复杂的发展趋势

随着大学聚落的发展，其规模倾向于不断扩大、不断复杂化。正如战后美国出现多元、复杂的巨型大学一样，大学聚落正逐步走向规模化、多元化、巨型化、复杂化，它所包含的社群关系将越来越复杂。

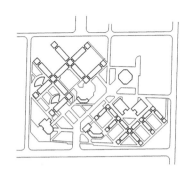

图 3-24　北京中国政法大学

（来源：建筑设计资料集编委会. 建筑设计资料
集 3 [M]. 北京：中国建筑工业出版社, 1994.）

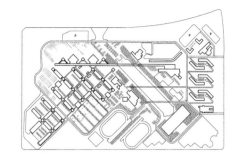

图 3-25　沈阳建筑大学稻田学院

（来源：建筑设计资料集编委会. 建筑设计资料
集 3 [M]. 北京：中国建筑工业出版社, 1994.）

美国教育学家克拉克·科尔指出，多元化巨型大学是一个内涵丰富的统一机构，它规模巨大，多元、复杂，包含自然科学家、社会科学家、人文主义者、专业学院等多种社群，甚至包含一切相关的非学术人员、管理者等庞大的人群。多元化巨型大学的界限很模糊，它延伸开来，牵涉到历届校友、议员、农场主、实业家——而他们又同这些内部一个或多个社群相关联。这种大学聚落将是一个真正复杂的社会。克拉克·科尔进一步指出，"作为这种规模巨大的学校，它要回顾过去，展望未来，并经常同现在发生矛盾。它服服帖帖地几乎是奴隶般地服务于社会，它也批评社会，有时不留情面。它提倡机会均等，但它本身就是一个等级社会"。1992 年，科尔对多元化巨型大学的概念做了进一步的解释："关于多元化巨型大学这一术语，我指的是，现代大学是一种'多元的'机构——在若干种意义上的多元：它有若干个目标，不是一个；它有若干个权力中心，不是一个；它为若干种顾客服务，不是一种；它不崇拜一个上帝；它不是单一的、统一的社群，它没有明显固定的顾客。它标志着许多真、善、美的幻想以及许多通向这些幻想的道路；它标志着权力的冲突，标志着为多种市场服务和关心大众。应当称它为多元大学，或者叫联合大学——与企业类似，或者如同一些德国人正在经办的，叫综合大学，或叫其他一些名称。"多元化巨型大学是社会发展的必然产物，"它在最佳选择中，是一种强制性的选择，而非理性的选择"。但是，"它在维护、传播和考察永恒真理方面是无与伦比的；在探索新知识方面是无与伦比的；在整个历史上的所有高等学校中间，在服务于先进文明的如此众多方面也是无与伦比的"。20 世纪 60 年代，柏林自由大学（图 3-26）就沿用了一种巨型结构的理念，以一个统一的框架体系，来支撑服务和交通体系，将其他单元集成在体系中，校园平面如同一个集成电路板一样。美国密西西比的 Tougaloo 学院（图 3-27）也是一个巨构、密集的大学聚落，宏伟的巨型建筑底层架空，作为交通场地，二层作为教室，三层作为宿舍，是一个规模化、多元化、巨型化的校园。

随着工业、技术的进一步高度发展，大学走向城市规模，走向复合化的社区的趋势越来越明显，除了多元、群构、巨型、复杂等特征，大学聚落变得越来越开放。首

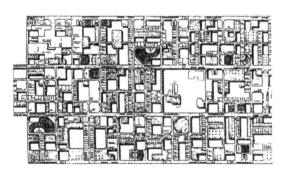

图 3-26　柏林自由大学鸟瞰图
（来源：齐康. 大学校园群体［M］.
南京：东南大学出版社，2002.）

图 3-27　密西西比的 Tougaloo 学院鸟瞰图
（来源：李河. 美国大学校园演变
研究［D］. 广州：华南理工大学，2004：68.）

先，高校办学模式的改革，促使大学办学类型趋向多元化，除了国家主办的大学，各种民办大学也大量出现，所以大学校园的建设数量也随之增大。其次，招生规模的迅速扩大，加上许多大学重新合并，在原地或异地扩建，从而造成学校向巨型化发展。甚至许多大学将新建的多所分校合并在城市郊区，构成规模庞大的"大学城"，形成大学组群，就如同一个小型城市一样（图 3-28、图 3-29）。第三，大学聚落出现开放化趋势。大学各个学科之间彼此相互联系，紧密相关；同时，大学应该与市民保持接触，形成开放性大学。大学的设计过程中，需要体现两方面的特点：①注重校园内部空间与外部空间的联系与交融，注重交往空间的营造；②设计中强调学校对社会的开放。

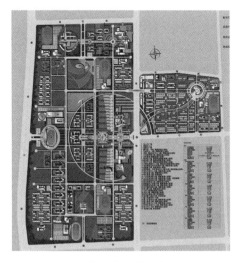

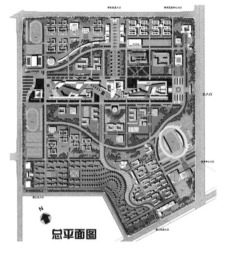

图 3-28　郑州大学第一期总平面
（来源：华南理工大学建筑设计研究院）

图 3-29　西安电子科技大学总平面
（来源：华南理工大学建筑设计研究院）

3. 反思："大规模"带来的困惑

面对大学聚落的规模化、多元化、巨型化、复杂化、开放化，我们也需要进行冷静的反思。

首先，大学的成功不仅仅是物质空间的庞大，更重要的是其内在的学术水准和人文精神。正如清华大学前校长梅贻琦所说："所谓大学者……有大师之谓也。"这句话说出了大学办学的核心理念。基础设施固然重要，但是学校的师资、学术、人才更为重要。

其次，大学聚落规模化发展，固然是城市经济、社会、文化等综合因素作用的结果，但是，大学聚落的发展，最终不应是粗放型的，而应走向集约型道路。在目前的大学建设过程中，出现了一些粗放式发展的不良倾向。比如，学校的定位一个比一个高、校园的占地范围一个比一个大，校区建筑容积率过低，造成城市土地的巨大浪费。所以，保护珍贵的土地资源，维持合理的能源消耗，集中有限的社会资源，走勤俭、精益、内涵式的发展道路，是当前高校建设所必须思考的问题。当前大学聚落的建设需要从粗放型发展转化为集约化发展，大学聚落内部品质需要从以求"量"为主的外延式发展转变到以求"质"为主的内涵式发展上来，即寻求一种集约的模式。

3.3 资源协调的大学聚落

3.3.1 环境协调

1. 背景

在经济高速发展、城市建设如火如荼的同时，我国自然环境也面临空前的压力。在城市建设过程中，能耗巨大、生态失衡、环境污染、耕地减少、温室效应等重大问题层出不穷，人类已经清醒地认识到，环境问题已严重制约了经济、社会、政治、文化的发展。

我国是世界上经济增长速度最快的国家之一，同时也是能源需求较大和环境污染较重的国家。举例来说，据2014年全国空气质量统计数据，有57%的城市遭受空气污染，空气质量为优的城市仅占3%，我国绝大部分的城市都笼罩在雾霾之下，PM2.5已经成为人们关注的重要问题；同时，我国水资源污染也很严重，据统计，35个重点城市中仅23%的居民饮用水符合国家的卫生标准，43%的地下水质量较差，并存在进一步恶化的趋势；耕地资源的压力也不容乐观，目前我国37%的土地面临退化的问题，由于生态退耕、房地产开发等原因，我国耕地面积逐年减少。据统计，2009年可耕地为135.4万平方千米，2015年下降至135.13万平方千米，土地资源的压力日益增大，需要特别重视。

随着我国经济的发展，在世纪之交，迎来了高校"井喷"式的发展，大学聚落的建设量巨大。有数据统显示，1978 年中国的高等教育毛入学率仅为 1.55%，而 2002 年则上升至 15%，2007 年上升至 23%，2012 年已经达到 30%，我国高等教育已经进入到大众化阶段。[①] 如此大规模的招生，导致新建校园数量急剧增大，建筑面积快速增长，也带来了许多环境问题。例如，超尺度的校园占用了大量的土地；过大规模的校园造成巨大的能耗等。

从上述情况可以看出，经济快速发展、城镇化进程加快，的确给环境造成了巨大的压力，必须重新审视经济建设与环境保护之间的矛盾，亟须寻求一条绿色、环保、健康、协调的集约化发展之路。

2. 环境协调

在城市综合发展的背景之下，大学聚落的环境应该是经济效益、环境效益、社会效益并重的"绿色"环境，需要在集约理念指引下，与诸多方面协调。当前，大学聚落环境面临不少挑战：自然环境的破坏，能源及资源的浪费；校园环境历时性与共时性的矛盾；校园对城市的开放性不足等。因此，大学聚落的集约发展要采用综合的校园发展策略。它包括环境与资源、大学与城市、高等教育发展战略与政策、大学发展策略与定位、校园结构与布局、校园功能与效率、用地效率、校园内部管理以及技术实施等方面的内容。

把多方面因素综合起来考虑的集约化设计，其策略可以分为以下三个层面。

（1）在政策与管理层面，它要求戒除校园规划与实施的功利性因素，要求从"技术型、高雅艺术型规划"，转向"公共实践型、大众文化型规划"。具体内容包括城市土地结构和布局的优化问题，合理配置校园土地，土地置换；校园规模的预测，校园选址的决策，校园的定位与层级，校园土地利用强度的规定，校园土地利用时序的确定；知识产业的积聚，大学集群（大学城），资源集约发展模式，追求边际效应最大化等内容。

（2）综合环境塑造层面（生态环境与人文环境），主要涉及校园形态规划，兼顾生态与多样性，包括大学校园园林化、空间灵活性、空间连接、复合功能分区、人性尺度与场所感、步行校园等一系列问题。

（3）关于集约化建设适宜的技术层面问题，即突出建设的可操作性和实施的可能。包括对校园自然环境（气流、土壤、雨水、植被）的适应，建筑形式、体量与位置、建筑结构、材料、构造，主动干预，技术措施，等等。

3. 大学聚落生态、开放的环境理念

前文已经提及，在世纪之交大学经历了一段高速发展时期，这一时期许多高校在城市郊区新建分校，这等于将高等教育从原有城市地域中剥离的部分，在郊区重新集聚。这一做法迅速改变了原有城市郊区（或边缘）的生态面貌，并引发城市开始新一

---

①高等教育毛入学率达到 15%～50%，则为大众化阶段。

轮的扩张，从而导致以下结果：①迅速改变了原有城市郊区的生态面貌；②大学聚落在城郊建分校，可以说是城镇生态空间发展过程中"离散性"的表现，城市的教育功能部分从城市中分离出去，形成新的城市生态区域核心；③这种短时间内集聚的大学园区，生态空间具有高度的不稳定性。具体来说，它将带动园区区域房地产、科研、中小学教育、旅游等相关产业集聚，从而可能形成城市新的教育中心，给原有环境带来巨大的压力。因此，大学聚落需要重视自然环境的保护；营造优秀的知识生态环境，营造和谐的生物共生生态环境，营造健康、节约的物资消耗生态环境。生态校园规划是当前和今后校园文化发展的方向，是高校提升素质教育的基础。

除了生态性，大学聚落的开放性也非常重要。随着教育体制改革的不断深入，教育模式正由知识教育向素质教育转化。开放式校园规划、一切以学生为本的思想深入人心，大学新校区只有坚持生态策略，才能保证可持续性的发展道路。[①] 我们可以将大学的后勤服务、学生与教师居住、附属幼儿园、小学教育、中学教育等功能向社会转移，大型文化体育设施也开始逐步向社会开放，为学校和社会所用。同时，大学聚落应向城市提供开放空间，从封闭教育方式走向开放教育方式；高校的产业、科研、文化、教育等，都可以加强对城市的强大渗透力，相应的这些校园空间，就往往开放融合成为城市组成的一部分。[②]

3.3.2 土地协调

土地以及土地利用的研究、分类和评价等一般是基于国土资源，尤其是农林牧业生产为出发点来制定的，因此它的主要研究偏重于土地的自然属性。

相对农村而言，城市发展对于土壤、水文、地质等因素的依赖程度，要比农村小得多。尽管在城市规划中同样要考虑到土壤、水文、地貌、地质等土地的自然属性，但是在一般意义上，城市规划中的土地及土地利用，则更多地偏重于其社会属性，即土地只是提供了基地、作业的空间和活动的场所。其所关注的要点，是一定时期内城市的经济和社会发展目标，保证城市土地的合理使用以及开发经营活动的协调，其核心是对城市建设用地的使用和用途的规划和管理。[③] 同样，大学聚落也是一个小型社会，对其土地资源的控制，也主要是关注它的社会属性。勒·柯布西耶（Le Corbusier）就认为："每所学院或大学本身就是一个都市单位……美国的大学自身就是一个世界。"

土地利用的规划设计不是土地功能的划分，更不是简单的二维平面的形态区划，而是多因素的综合分析，涉及经济、政治、环境治理、可持续发展等多种问题。针对这些因素，现代科学理论、科技手段等为土地的综合利用提供了技术层面的支持，如当代高新技术的地理信息系统（GIS）技术，计算机和数学方法等，已经普遍用于国土

①沈杰，潘云鹤. 论泛生态化校园规划 [J]. 建筑学报，2005（11）：12 - 14.
②吴正旺，王伯伟. 大学校园城市化的生态思考 [J]. 建筑学报，2004（2）：42 - 44.
③杨东星. 大学校园规划设计中的土地综合利用 [D]. 上海：同济大学，2003.

规划、城镇规划等方面，今后也完全可以在校园的规划中得到应用，使得规划向着技术化、智能化、精确化方向发展。关于大学土地利用，主要涉及"自然因素"和"社会因素"的影响力（表3-1）。

表3-1 自然因素及社会因素对校园土地利用的影响

自然因素对校园土地利用的影响	地质条件对校园土地利用的影响	地质条件的优劣对于土地利用及开发强度有很大的影响，一般说来，作为大学校园的选址不可能选在地质构造的危险地段，如地质构造的断裂带、地下采空区、有山体滑坡或塌方等可能的地段上，但是一般意义上的地质不良仍然会对土地利用产生不利的影响
	气候条件对校园土地利用的影响	气候条件主要包括太阳辐射、风向、温度及降水等方面，不同的气候条件对于土地利用产生不同的影响。除了大气候外，还包含地方气候与小气候。建筑的日照标准、日照间距、朝向的要求
	地形条件对校园土地利用的影响	地形有山地、丘陵与平原三类。平原上的用地其土地利用所受的限制较少，对于有高差变化、地形起伏的用地，则增加了利用的难度，但如果处理得好，会产生高低错落、轮廓丰富的动人效果
	水文及水文地质条件对校园土地利用的影响	水文条件主要是指地面上的江河湖泊等水体分布情况，水文地质条件则是指地下水的存在形式、含水层厚度、矿化度、硬度、水温以及动态等条件
	植被对校园土地利用的影响	良好的植被，是校园环境建设必不可少的内容，需要结合规划设计通盘考虑，植被好的区域可以整体保护，对于稀有树种、树龄久远的树木应当重点保护
社会因素对校园土地利用的影响	学生对校园土地利用的影响	学生是大学校园的主要使用者。学生的规模，一般作为校方申请用地规模和政府批拨土地的依据。学生的出行方式也影响到学校的规模
	经济因素对校园土地利用的影响	国家的经济发展水平、地区间的经济发展差异、不同学校之间的经济差异、经济体制的变化等，它们对于校园的土地利用分别产生不同的影响
	政治因素对校园土地利用的影响	国家法律；地方法规；政府干预
	科学技术对校园土地利用的影响	科学技术的发展，改变了土地利用的模式，有助于土地利用集约化；科学技术的发展，为土地利用的研究提供了理论基础、研究方法

注：内容引自同济大学杨东星的论文《大学校园规划设计中的土地综合利用》。

3.3.3 交通协调

大学聚落的内部交通活动表现出明显的"阵发型"特征，校园交通系统主要用来满足"阵发型"交通的需求，而城市交通活动更多地属于常规型交通。校园交通系统中，步行交通占主要地位，在交通组织中一般优先考虑步行交通的需求，避免机动车交通对步行交通的干扰。而城市交通系统中更重要的是组织机动车交通，往往要避免步行交通对机动车交通的干扰（表3-2）。

表3-2　大学聚落交通设计的思路分析

大学聚落交通设计	特　征
整体层级性体系	大学校园交通系统在空间上和实体上都延伸至校园结构的各个部分，是校园中单体建筑布局的框架，对校园总体布局起到重要的控制作用；此外，它还是校园整体空间环境和校园室外交往空间的直接组成部分
综合体系	"封闭交通"或"开放的与城市衔接的交通"体系；交通体系的功效性、多样性
弹性体系	目前大学校园总体规划中弹性生长体系包括线型、网格型、中心型和分子型；不同的弹性生长体系建立模式又可以对应不同的校园交通系统。由于校园交通系统与校园总体布局同构，它的弹性生长模式也是这四种类型
步行优先体系	确立从行人、自行车、机动车由先到后的优先权顺序，在校园交通之中，真正做到"以人为本"、适度分流、适度"穿越"的设计观

大学聚落与城市衔接的外部交通同样重要，大学与城市之间的关系密切，决定了大学校园交通系统与城市交通系统之间不可割裂的联系。

早期的大学与城市是融为一体的，如牛津大学、剑桥大学等，校舍建筑分布于城市之中，城市与大学彼此渗透，没有明显的边界。美国的开敞式校园一般位于城市郊区，相对独立，但仍然无法摆脱大学对城市的依赖，仍然与城市保持着千丝万缕的联系。

现代大学出于自身发展的需要，以及社会对科技成果迅速转化的需求，决定了大学校园交通系统与城市交通系统之间的关系更为密切。一方面，校园交通系统与城市交通系统之间是一种局部与整体的关系。现代大学校园无论在空间与实体结构上，还是在社会功能构成上，都是城市大系统的有机组成部分，因而，校园交通系统也就成为城市交通系统的一个分支和子系统。通常校园交通系统有若干个出口与城市交通系统相连，由此，校园与城市的其他部分之间实现了人员、物流、能量和信息等各方面的交换，这些"出口"也成为局部与整体之间的连接点。另一方面，由于现代大学校园中人员组成复杂，行为模式多样化，具有十分复杂的功能结构，校园中产生了类似城市各部分之间复杂的矛盾和联系，甚至有人认为大学聚落就是一个城市，因而校园交通系统作为城市交通系统的一个局部，又具有一种类似城市交通的"全息性"特征，在一定程度上具有接近于城市系统的结构复杂性。由此，城市交通系统所面临的诸多矛盾，往往也存在于校园交通系统中。

3.4　与城市共享互补的大学聚落

3.4.1　经济发展的互动

1. 高等教育政策的改变带来的现象①

（1）高等学校毛入学率在近几年的高速增长（表3-3、表3-4）。考察毛入学率主要依据美国社会学家马丁·特罗的理论。他在1973年"从精英向大众高等教育转变中的问题"一文中，以美国高等教育发展为例，系统地阐述了高等教育发展从"精英"向"大众""普及"阶段过渡的三段论。一般来说，高等教育毛入学率在15%以下时，属于精英教育阶段，15%～50%为高等教育大众化阶段，50%以上为高等教育普及化阶段。②

表3-3　高等教育发展三阶段的若干变化

	精英阶段	大众阶段	普及阶段
高等教育毛入学率	15%以下	15%～50%	50%以上
高等教育观	上大学是少数人的特权	一定资格者的权利	人的社会义务
高等教育功能	• 塑造人的心智和个性 • 培养官吏与学术人才	• 传授技术与培养能力 • 培养技术与经济专家	• 培养人的社会适应能力 • 造就现代社会公民

注：引自米俊魁《析马丁·特罗高等教育发展阶段理论的局限性》。

表3-4　我国近年高等教育毛入学率的变化

年份	1990	1996	1998	2000	2001	2003	2005
毛入学率	3.4%	9.8%	10.5%	12.5%	13.3%	17%	21%

（2）大学聚落发展中的产业化现象越来越明显，大学与城市生活结合更加紧密，运行着政、产、学、商各不相同的机制，复杂的机制引来大量管理、运作方面的问题。"从现代化理论的角度看，中国是后发外生型国家，其现代化进程具有明显的人为色

---

① 周承. 基于"城市"的大学校园形态更新［D］. 广州：华南理工大学，2004.
② 百度百科，高等教育大众化。

彩，即政府的直接介入和推动。作为高等教育现代化内涵之一的大众化也是如此。政府把实现大众化作为明确的目标，并制订具体的政策、措施，引导大众化的发展过程，这是后发外生型国家高等教育大众化的基本特点。"① 所以，直接带来了大学聚落与城市之间的经济关系的复杂化，大学聚落的发展对城市的剧烈冲击，造成大学对城市经济发展的作用复杂化（见表3-5），以及不同大学对于城市贡献方式的复杂化（见表3-6）。

表3-5　大学聚落对城市发展的作用

大学聚落	依托	互动
大学聚落作用具体分析		

大学聚落产业化倾向的加剧，促使大学成为社会的重要机构，特别是在今天这样的信息和知识经济时代，这种效应更为明显。毫无疑问，大学在知识生产、技术创新、人力资源开发和高素质劳动力培养等方面，的确起着举足轻重的作用；同时，大学在社会价值和文化变迁过程中，也发挥着关键作用。显然，大学已经对其所在的城市和社会带来了深刻的影响，同样也给其他城市带来了深刻影响。② 但是，在大学聚落漫长的演化过程之中，在世界各国不同的教育政策和社会环境之下，大学的有机发展产生了各种不同的道路，大学聚落与城市之间的共处模式也各有不同，特别是大学发展的兴盛之地——美国，其模式更为丰富。

表3-6　各种不同的城市与大学共处的模式

大学与城市的若干共处方式列举	实　例
大学造就了城市	普林斯顿大学和圣安得鲁斯大学
一所世界级的大学脱离了它所在的城市	加州大学伯克利分校

---

①贺国庆，王宝星，朱文富，等. 外国高等教育史[M]. 北京：人民教育出版社，2003.
②约翰·胡德. 大学对城市的影响[J]. 复旦教育论坛，2005，3（6）：15-17.

大学与城市的若干共处方式列举	实　例
修建围墙，远离城市的干扰	哥伦比亚大学
成为城市的引擎	哈佛大学和麻省理工学院
大学引领周边城市的成长和发展	斯坦福大学
努力成为发展的动力源并促进社区的融合	鲁汶大学
制造业从城市里迁出，金融机构（如银行）和公共部门的人员裁减，大学和他们的医学中心就成了城市中最大的雇佣单位	美国的费城、波士顿、旧金山、马萨诸塞州剑桥以及牛津

2．与城市互动实例分析

（1）以大学为支撑的高技术中心

在现代社会，大学与城市互动的程度越来越紧密，大学聚落作为知识扩散的"极点"，可以辐射到很大的区域。这种形式发展到极端，就会形成依托大学发展的高科技中心。不过这种高科技中心的功能倾向亦有所不同，有的注重实效，有的注重科技。

①在创新环境的基础上，以依托高校智力资源的高科技产业公司综合体为基础，就是美国的硅谷模式；128号公路区也属于这样的研究区域（图3－30）。众所周知，硅谷的前身是斯坦福工业园，到20世纪80年代，硅谷的产业已经国际化，

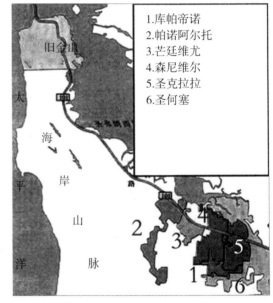

1. 库帕帝诺
2. 帕诺阿尔托
3. 芒廷维尤
4. 森尼维尔
5. 圣克拉拉
6. 圣何塞

图3－30　美国硅谷的大致区位图示

（来源：孙世界，刘博敏. 信息化城市［M］. 天津：天津大学出版社，2007：75.）

计算机、信息产业取得巨大的发展，形成了闻名世界的高科技、信息化产、学、研集群。

②广义的科学城，采用比较严格的科学研究综合体，但是与周围的制造业没有明显的地域上的联系，如苏联西伯利亚的阿卡德姆戈洛多克科学城、韩国大德科学城、日本筑波科学城等（图3－31），就是这样的例子。筑波大学位于筑波科学城的中心，周边围绕各种研究所，如日本国家防灾中心、NTT中心、国家科学博物馆筑波植物园、地理勘查研究所等。总之，筑波科学城，是围绕筑波大学的、一个相对来说比较纯粹的研究区域。

　　③用特惠的政策吸引公司过来投资，建立基地，是高新技术区的又一种形式。这些区域往往由政府和大学有关部门倡议发展起来，对于大学的依托是不言而喻的，如台湾新竹科技园区。类似的例子，在法国也出现过，在索菲亚-安蒂波里斯地区，就建立了类似英国剑桥的高技术区域。

图 3-31　日本筑波科学城
（来源：华南理工大学建筑设计研究院整理）

　　我国改革开放以来，在大学、科研机构的推动之下，电子、信息、通信、生物、医药、航天、机械、桥梁、交通等高新技术产业发展迅猛，GDP 已经跃居全球第二，制造业总量相当于美国、日本之和，科学技术发展日新月异。大学聚落向城市开放，将会产生巨大的智力辐射和文化辐射，带动城市科技文化迅速发展。大学聚落进一步扩张与整合，将促使高新经济技术开发区、科技园区不断地涌现。这些以大学或大学群为依托的高技术区域，对于一个城市的竞争力，甚至国家的科技竞争力，都起到至关重要的作用。总之，城市呼唤与大学的整合，渴望大学的辐射作用，希望围绕大学的集群区域，能给城市带来效益。如武汉光谷、上海杨浦科技园区、广州大学城、深圳大学城等，就形成了效益显著的城市高新技术区域。高新技术区域的发展，也导致城市空间结构的演变。这种演变是持久的，大学在其中起到了很好的推动作用，如清华大学、北京大学周边的中关村科学园，南京的珠江路科学园等，都是这样的例子。

（2）以信息技术为主导的城市空间转变

中关村是一个拥有悠久历史的地方。几百年前，中关村是一片荒凉的坟场，大多是太监的坟墓。① 明朝时，太监们就开始在中关村一带购买"义地"，形成了太监自己的墓葬地，因当时人称太监为"中官"，所以把这片墓地称为"中官村"。中关村是怎么从"中官"演化为"中关"的，也有不少传说。据说，1913年在《二万五千分之一京西图》上已经见到"中关"地名的使用了。对于这一称谓，众说纷纭。也有人提出另一种观点，指出清朝末年有关人员编制地图时，因为"中官"寓意太监不太好听，故将其"雅"化为"中关"。还有人指出，当时是慈禧太后过生日时，曾在此地搭建一座城关用于祝寿，因此得名。

中关村比较明确的正式得名，还是在中华人民共和国成立后。中华人民共和国成立后选择这里建中国科学院，觉得"中官"二字不好，才在北京师范大学校长陈垣先生的提议下，改名为"中关村"。随着几十年的发展、开发，逐渐演变成为围绕清华、北大的科技园区。

中关村科技园区是1988年5月经国务院批准建立的中国第一个国家级高新技术产业开发区。中关村科技园区管理委员会，作为市政府派出机构，对园区实行统一领导和管理。1999年6月，国务院正式批复北京市政府、科学技术部提出的"加快建设中关村科技园区"的请示，同意了关于加快建设中关村科技园区的意见和发展规划，这对中关村的发展起到很大的推动作用。可以说，它是实施科教兴国战略，增强创新能力、综合国力的重大战略决策。此后，中央领导曾先后多次到中关村科技园区视察、指导工作，由此中关村不断发展壮大，其用地规模也越来越大（图3-32）。

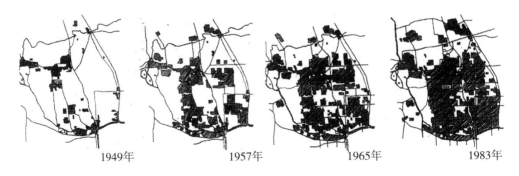

|1949年|1957年|1965年|1983年|

图3-32 中关村发展过程

（来源：孙世界，刘博敏. 信息化城市 [M]. 天津：天津大学出版社，2007：118.）

---

①引自 http://zhidao. baidu. com/question/26342961. html.

中关村科技园区覆盖了北京市科技、智力、人才和信息资源最密集的区域（图3-33），园区内有清华大学、北京大学等高等院校39所，在校大学生约40万人，以中国科学院为代表的各级各类的科研机构213家，其中国家工程中心41个，重点实验室42个，国家级企业技术中心10家。经过十几年的发展，中关村科技园区形成"一区七园"的发展格局，包括海淀园、丰台园、昌平园、电子城科技园、亦庄科技园、德胜园、健翔园。在清华大学、北京大学、中国人民大学等著名高校的推动下，中关村紧抓市场机遇，逐步发展成为国内最具影响力的科技区域。其空间首先由几个集团的点状发展，然后形成中关村电子一条街，最后形成中关村东区、西区的片状发展模式。①

另一个类似的实例是南京珠江路科技区，在该区的发展中，大学也起到很大的推动作用。② 南京珠江路科技街，位于南京市城区中心，全长3.1千米，周边大学、科研院所云集，有南京大学、东南大学、南京航空航天大学、中科院南京分院、中电五十五所等，人才资源和技术资源极为丰富。

南京珠江路科技街成立于1992年，以市场为导向，以技术为依托，实现了超常规发展，由一条普通的街道发展成为华东地区最大的电子电脑产品集散地。目前，沿街两侧共聚集有电子电脑企业1400多家，年科技工贸总额达200亿元，享有"北有中关村，南有珠江路"的赞誉。进入21世纪，珠江路科技街又迎来新的发展机遇。江苏软件园、东南大学科技园创业中心等国家级科技园陆续入驻，珠江路的研发区域，总面积已达到16万平方米。位于紫金山北麓的五旗工业基地，占地333.33万平方

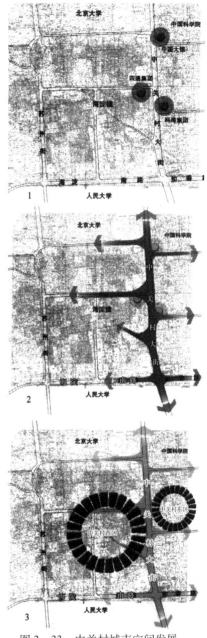

图3-33　中关村城市空间发展
过程与周边大学关系

（来源：孙世界，刘博敏. 信息化城市［M］.
天津：天津大学出版社，2007：118.）

---

①孙世界，刘博敏. 信息化城市［M］. 天津：天津大学出版社，2007.
②引自 http://baike.baidu.com/view/17354.html.

米，目前已实现了"四通一平"，具备了较好的投资环境和硬件基础。珠江路科技街已逐步发展成为贸、工、技于一体的高科技园区。

3.4.2 与城市文化发展的互动

在一个文化系统内，各层次文化在功能上的协调，就是该文化系统的文化整合（cultural integration）。大学聚落作为文化的载体，在其发展过程中同样存在文化整合问题，如新老校区的文化整合问题，校区分散后的文化延续性问题，校园个性文化的问题等。

1. 文化的人地关系分析

J. E. 斯宾赛和 W. L. 托马斯两人合著的《文化地理学概论》一书中，给出了文化地理学的人地关系图示，[①] 指出社会文化系统中包括人口、自然生物环境、技术、社会组织，其中技术是重要的要素。类似地，大学聚落作为一种特定的社会文化系统，聚落人文与当地地域的自然生物环境、人口、社会组织、技术等息息相关。

同时，作为一个文化体系，它由内及外具有若干的层面。精神文化是最里层的，其次是行为文化，再次是物质的、具体的文化载体，最后是所居住的大学聚落的自然环境，其文化的层级性是明确的（图3-34、图3-35）。

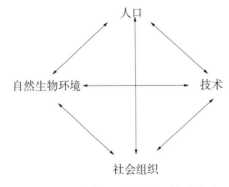

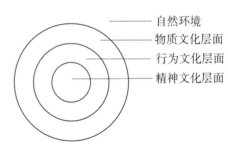

图3-34　文化地理学的人地关系图示　　　　图3-35　文化圈层结构示意图

2. 地域文化与大学聚落的文化性

地域性是大家非常关注的一个问题，它包括地域的环境、地域的气候、地域的文化。其中地域的文化最重要，涵盖当地的历史、人文、风俗、习惯等，是影响大学聚落人文的重要因素。

首先，大学聚落文化的形成，得益于大学聚落的形成改造过程，得益于其在长期自然环境中的演化过程。诺伯舒兹指出："人所生活的人为环境，并不只是使用的工具，或任意事件的集合，而是具有结构同时使意义具体化。这些意义和结构反映出人

---

①赵容，王恩涌，等. 人文地理学［M］. 北京：高等教育出版社，2006：44，298.

对自然环境和一般的生存情境的理解。因此对人为场所的研究必须有一个自然的基准，必须以与自然环境的关系作为出发点。"这段话比较拗口，大体的意思是说，人对于自然环境的改造，使自然环境具有文化和历史的特征，而且，不同地域的自然环境会形成不同的地域文化。

其次，大学聚落的文化性有其自然环境基础，从选址到建筑群体的关系以至单体的设计，大学聚落的文化性都与其周边的地域环境、地域气候息息相关。从图3－35"文化圈层结构示意图"可以看出，大学聚落人文环境塑造是对校园环境自然基础的回归，这样的一种回归有其经济与文化价值，是形成校园环境人文性与多样性的真实基础。例如，哈佛大学与斯坦福大学都有着浓厚的文化底蕴，也有着当地地域文化特色的建筑形式。

第三，地域性特征，是大学聚落人文环境塑造的源泉。对比"国际式"与"地域主义建筑"，我们不难发现，前者的建筑风格是比较通用的，难以与当地文化产生共鸣，而"地域主义建筑风格"的校园建筑，则扎根于当地文化，其文化特质明显。例如，厦门大学的建南大会堂，就是极具地域特点的校园建筑（图3－36），地域特色明显。

图3－36　厦门大学建南大会堂
（来源：http://www.360doc.com/）

3. 大学聚落形态对自然环境的响应

大学聚落人文环境塑造中，对地形地貌的响应，就是对这一地景的空间特质的顺应。这样一种响应具有两方面的意义：首先，借助地景，烘托人文环境的形象；其次，保护自然环境，尊重自然环境，顺应自然环境。贝聿铭说："要是你在一个原有城市中建造，特别是在城市的古老部分建造，你必须尊重城市的原有结构，正如织补一块衣料和挂毯一样。"大学聚落实际上是城市聚落文化的承载体，是聚落文化、社会活动的空间投影。

3.5　高等教育方针与大学聚落的集约发展

3.5.1　教育政策的改变对大学聚落的影响

1. 背景

高等教育政策的改变，带来如下现象。[①]

首先，高等教育政策的改变，促使我国"高等学校毛入学率"在近几年高速增长，

---

①周承. 基于"城市"的大学校园形态更新［D］. 广州：华南理工大学，2004.

目前高等学校的毛入学率增长到40%以上，已经进入大众化的高等教育阶段。

其次，高等教育政策的改变，促使我国近几年的大学建设工程量急剧增加，建设工程量巨大，建设周期很短。过大的建设量、过短的建筑周期、过快的设计，必然导致校园建设"量"和"质"之间的矛盾。

第三，高等教育政策的改变，促使大学聚落产业化现象加剧，大学与城市生活结合更加紧密。大学聚落内部机制更为复杂，运行着政、产、学、商各不相同的机制，复杂的机制引来大量管理、运作方面的问题。所以，直接带来了大学聚落与城市之间的关系的复杂化。

2. 高等教育的集约化思维

高等教育的集约化思维，是针对目前短期达到大众化阶段的反思。短短几年的时间，我国高等教育毛入学率，在2005年就已达到21%，该年各种形式的高等教育在校生总规模超过2300万人。高等教育的毛入学率早已经进入大众化阶段。

过快的发展，用几年走过发达国家几十年的历程，必然会带来许多问题。单纯的数量增长，不一定就能实现高等教育的高标准发展。继1973年《从精英向大众高等教育转变中的问题》一文发表以后，马丁·特罗本人于1998年在其论文《从大众化高等教育走向普及》一文中，修正了原来的观点，他认为：大众化高等教育与普及化的高等教育的区分，不再定义为"越来越多的大学生进入各种各样的学校学习"，这种观念已经相对陈旧。与之不同的是，应该更多地关注高等教育"质"的变化。在追求规模效益的同时，必须考虑教育质量效益，使高等教育能够走向集约化发展的道路。①

中共十四届五中全会明确提出两个转变：①教育制度要从服务于计划经济转变为适应社会主义市场经济的本质要求；②教育发展方式要从单纯追求数量扩张的粗放型转变为以追求效益为特征的集约型。

高等教育集约化的核心，就是加强高等教育资源，诸如人才、基础设施、资金、管理等方面的使用效率。为此，向东在《简论现代教育的集约化思维》一文中指出：首先，要加强教育与市场的接轨，将知识转化为生产力；其次，要加强创新意识，提升国家的竞争力；第三，要加强学科之间的交叉，突出综合效益；第四，加强管理，避免人为的浪费。②

以上有关教育方针政策的原则，必须贯彻到大学聚落设计中，推动大学聚落设计走向集约化道路。

3.5.2 大学聚落的适应性策略

1. 大学聚落建设的功利性与实用性

大学的发展历程中，充满了偏向于功利性还是偏向于实用性之间的争论，即存在

①果育燕，孙德芳. 高等教育大众化与集约化协调发展 [J]. 理论观察，2003，20（2）：95－97.
②向东. 简论现代教育集约化思维 [J]. 教育评论，2001（6）：8－10.

着以认识论为基础和以政治论为基础的两种教育哲学。大学到底是成为提供博雅教育、培养人才、传授知识的场所，还是应该更注重其服务社会的功能，至今存在着广泛的争议。就我国实际状况而言，教育的产业化，使得大学聚落摆脱行业、区域的限制，成为沟通社会各界、身兼多种职能的超级复合机构。其规模和威望，也将随着社会对它的需求和干预，同步增长。

不过，大学的这种广泛服务社会的职能，也遭到某些质疑。一方面，教育产业化被滥用和曲解，引起社会不少非议；另一方面，大学过多的社会功能带来不少负面影响，也促使人们不断反思。质疑者认为，大学是人格养成之所，是人文精神的摇篮，是理性和良知的支撑。蔡元培先生说，大学者，研究高深学问者也，为囊括大典，网罗众学之学府。按蔡元培先生的标准，今天，大学确实需要反思。庸俗、功利、虚无侵蚀了大学学生及教员的思想。官僚本位、僵化学术机制以及对商业和技术的迷恋，让大学创造之源干涸。这些观点也是值得关注的。

大学聚落建设的功利性与实用性，应该走相互协调的道路，既不能把大学看成孤立于世间的"象牙塔"，也不能过度夸大大学"服务社会"的职能，而导致其过分商业化、功利化，要寻求两者之间的平衡。

2. 精减大学庞大、臃肿的机构，责权利要分明

处于社会化进程中的大学，仍无法完全摆脱机构庞大、臃肿的困境。行政与后勤人员占据大量编制，导致师生比一直处于较低水平。非教学人员消耗国家教育资源现象严重。广大教职工的住宅和生活福利设施，仍占据校园用地相当大的比重，高校基本建设投资错位。

许多高校专业设置盲目，追求小而全，造成专业规模小、重复建设，既浪费资源，也无法保证教学质量。学校的自主权进一步扩大，高校资金渠道的多元化，使得高校的责权利关系更加复杂，与国家的统筹安排存在一定程度的冲突。

3. 在教育事业高速发展的背景下，防止对大学规模的过度追求

从20世纪末开始，大学扩张拥有"自上而下"的典型特征，导致大学建设扩张迅速，大学建设用地急速增加。一个典型的例子是广东省著名的××大学，它在2000年建立了3.48平方千米的珠海校区，其目标是成为该校科研成果与珠海经济社会发展相联系的桥梁，成为珠海乃至周边地区高科技产业的孵化基地、广东省高等教育对外合作与交流的窗口。其珠海校区在全国高教界引起了极大关注，并作为一种成功的模式被加以推广。而到了2002年，广州大学城开工建设，该校作为广东高校的"龙头"，以"积极"的姿态进驻大学城，最终使其成为拥有4个校区，占地6.19平方千米的巨型大学。

大学规模过大，会带来一系列问题，值得我们思考。首先，过大规模导致校园容积率过低。目前我国许多新建校园占地面积大，存在贪大求全的心态，造成了新建校园的容积率下降，低于规范的标准。其次，土地变性较为严重。在大学扩张过程中，地方政府无偿划拨土地、低价出让土地、无偿提供经营性土地用于抵押贷款等不良行

为，也屡见不鲜；常常出现扩张之后的重复性建设，造成资源的浪费。例如，郑州就拥有四个大学城计划，西安附近也有三个大学城规划，规模过于庞大，功能重叠，发展超出了该地域生态承受的范围。第三，资源管理不力。例如，大学各功能区域间的距离过长，导致了使用上的不方便。又例如，大学聚落面积过大，使得许多物质环境资源和设备资源无法得到高度的共享。

总之，在高等教育高速发展的特殊阶段，要充分认识我国资源短缺、人口众多、土地相对匮乏的现状，走集约化的发展道路，不要过分追求校园规模，警惕追求功利、政绩、贪大求全的不良心态。

3.6 从"粗放模式"到"集约模式"

3.6.1 大学聚落设计模式一：多元群构模式（图3-37）

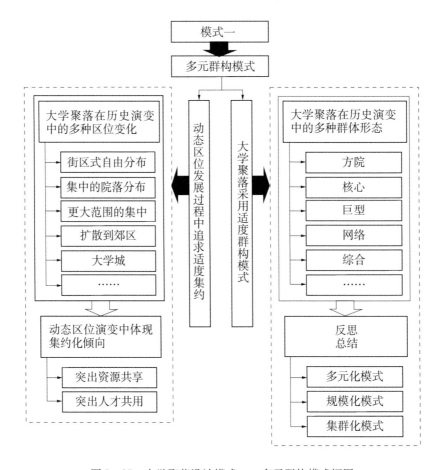

图3-37 大学聚落设计模式一：多元群构模式框图

1. 大学聚落的动态区位

在漫长的历史发展时期，大学聚落在城市中的区位分布呈现动态发展特征。我国历史悠久的大学，其选址大都经历了"产生于城市"→"迁移至市郊"→"重归于城市"的演变过程。这不仅体现了大学聚落规模从小到大的实际需求，也是城市扩张蔓延的必然结果。例如，武汉大学所在的珞珈山，最初是在城市的郊区、边缘，现在已"变为"城市中心地带了。华南理工大学所处的五山校区，复旦大学和同济大学所处的江湾五角场地区，往昔都被看作是远离城市的"乡下"，而今也早已成为颇具吸引力的新城区了。

可见，大学聚落与城市聚落的空间关系是一个"动态"演化过程（图3-38），在这个过程中，大学对于城市的影响，会变得越来越突出，导致大学聚落最终成为城市聚落的中心。可见，大学聚落与城市的区位关系也是复杂的。如果将城市聚落看作集合A，大学聚落看作集合B，它们之间的区位关系可以用图3-39表示，即表现为"不包含、包含、完全包含、交叉"四种关系。

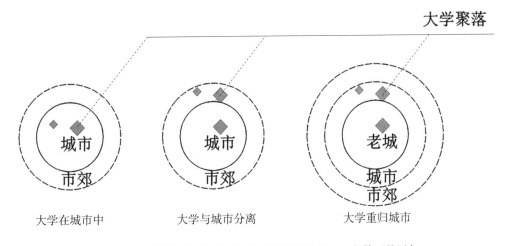

图3-38　大学聚落与城市聚落的空间关系变化——离散还是回归

（来源：根据曹志《大学校园——城市中渐渐凸现的社区》中插图改绘）

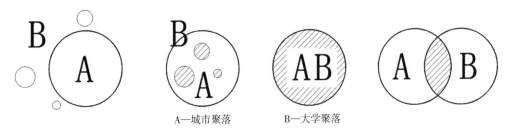

图3-39　大学聚落与城市聚落的区位关系

2．大学聚落的多元模式

由于大学聚落各自发展的需要和教学背景的不同，其办学方式、分布状态亦呈现多元模式。在实际建设过程中，需要针对各种不同情况，采用多元模式。如校园属于原地扩建，应优先尊重老校区，使新区有机地纳入旧区肌理中，同时使校园文脉得到延伸，做到新旧相融；而异地分校，所受约束较少，校园规划的侧重点，应是促使新校园建立良好的"结构框架"，既要满足现在的要求，又能利于长远发展。同时，要处理好功能分区的交通组织，并根据基地的特殊条件，创造出新校区的独有特色。如果是建在大学城的新校区，其规划还应重视校园与城市之间、校园与校园之间的融合、互动，将校园纳入大学城整体结构，并着重于共享区域的设计。最后，对于产学园区，还要注重其产、学、研一体化的特有的功能要求，做好分区设置与流线组织。也就是说，每个大学聚落，都应该根据自身的具体类型和具体问题，切忌照搬照抄。

3．大学聚落的适度群构

用地达几千平方千米的大学聚落，其尺度是巨大的。这就要求在总体规划时要有"整体观"的概念，大学聚落的发展，最终总是趋向一种"系统整体"的聚居环境，这是其自身不断发展的结果。正如C.亚历山大所指出的："某些事情整体发展，是指它们自身的整体性，是它们的出生地、起源以及连续生长过程中的不断繁衍。新的生长是由原有具体的、特殊的结构属性产生的。它是一个独立的整体，这种整体的内在规律以及它的发展，支配着事物的连续性，并控制事物向更高阶段发展。"大学聚落环境组织，可以用"适度群构"的方式来统一校园的整体风格，即采用"核心＋簇群"的规划理念加以设计。

（1）从发展的脉络上看，这种规划理念与早期的"田园城市规划"理念一脉相承。早在19世纪，英国社会活动家E.霍华德就曾提出"田园城市"的设想。[1] 这种设想指出，以若干田园城镇围绕中心城市加以布置，并在它们中间设置永久生态带，从而形成城市组群——社会城市。可明显看出，霍华德的"田园城市"思想，和当今的"核心＋簇群"的规划理念相吻合。

（2）在具体内涵上，这种规划理念指的是若干"簇群"围绕一个核心来布置，并通过整体的方式联系在一起。这种理念着重体现在以下几个方面：首先，核心与簇群之间应该存在有机的联系，是一种延续性脉络。簇群的发展应该像生命细胞体一样延伸，每个簇群可以是紧凑的，有自己的中心，但簇群之间应该保留肌理上的延续和整体关系。第二，"核心＋簇群"的体系，是一种开放的体系，它和现代教育理念产生共鸣，在空间层次上提供多层面的交往空间。第三，整体环境设计强调"天人合一、有机渗透"，注重规划设计的弹性，重视校园的预留发展用地，使得一些大型模块可以在自己的脉络中不断延续。

---

[1]该规划思想对现代城市规划理论影响巨大。

3.6.2 大学聚落设计模式二：资源协调模式（图3-40）

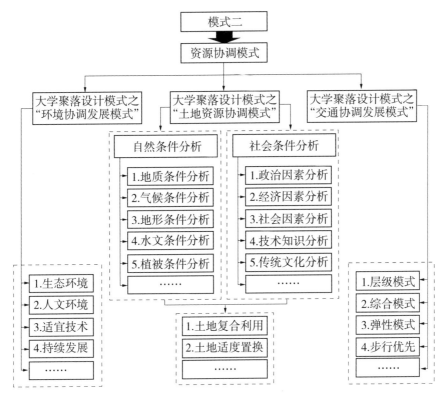

图3-40 大学聚落设计模式二：资源协调模式框图

（来源：华南理工大学建筑设计研究院工作室；

杨东星. 大学校园规划设计中的土地综合利用［D］. 上海：同济大学，2003.）

1. 环境协调发展模式

协调发展模式强调，须关注生态环境、人文环境、适宜技术、可持续发展等问题。首先，要突出校园的生态环境保护、维育，充分尊重当地的气候条件，当地具体的地形、地貌、水资源环境，并在大学聚落设计中加以合理的利用。例如，如果校园位于山地，则需要尽力保护山形，不要做过多的开挖，以免造成浪费乃至形成安全隐患。对周围自然环境、地形地貌的充分尊重与保护，是未来大学聚落规划设计中要认真对待的重要问题。其次，要突出校园的人文环境。我国地域辽阔，民族种类众多，不同地域都拥有不同的独特文化。为此，要充分了解当地的人文、历史、民风、民俗、习惯、掌故等，将其加以提炼，融合到设计中，实现大学聚落的文化特性。而大学聚落的核心，就是要凸显物质空间与人文空间的高度融合。第三，要突出适宜技术的使用，即在绿色技术的应用中，要充分吸纳千百年来古人的经验，通过通风、遮阳、廊道、庭院等多种手段，实现绿色适宜性技术的推广与使用。第四，要突出可持续发展的理念。环境协调的重中之重，就是要实现大学聚落的可持续发展。要突出大学聚落开放、绿色、生态、弹性、智能等特征，使大学聚居环境得以可持续发展。

2. 土地资源协调模式

（1）土地的综合利用。大学的不断发展，使得它与社会的联系愈来愈紧密，与社会的融合程度也越来越大，越来越强。所以，大学作为城市中一个活跃的区域，必然与其他区域发生关联，并相互交叉。城市中位于老城区的大学，就往往表现出一种复杂的分布状态，土地的使用性能复杂化、综合化。一个基本的事实是，一个校园诞生之后，就广泛地参与到社会活动中去。它的发展变化也会随着不同的社会活动而变化，使得原有的一些土地使用性能发生转变，校园土地利用存在复合利用的趋势。

（2）土地的适度置换。在老校区发展过程中，由于周边用地的控制，土地适度置换是不可避免的。在校园发展过程中，常常出现通过购买、置换等手段向周边地区取得土地。例如，中南财经政法大学，它位于武汉市武昌区，学校周围的土地多为小工厂等，学校在发展过程中，通过不断从外围取得学校发展的土地，实现土地的综合利用。

3. 交通协调发展模式

交通协调发展模式，受到大学逐步开放的重大影响。大学聚落交通系统作为大学功能的重要组成部分，是校园中各种活动的空间载体。因此，大学对社会的开放，必然导致大学聚落交通体系的变化。

实际上，交通系统与大学聚落总体形态关系极为密切，因而大学聚落的开放与城市化趋势，也必然影响到交通系统的形态。于是倡导四种模式：①交通体系的整体层级性模式，即道路交通体系分层级，形成比较完整的交通体系；②交通体系的综合模式，即"封闭交通体系"与"开放的、与城市衔接的交通体系"并置，逐步引导向城市开放的交通体系；③交通体系的弹性模式，和空间规划结构的弹性一样，交通体系规划设计也拥有一定的弹性；④交通体系的步行优先模式，即考虑到以学生为主的特殊群体特征，大学聚落强调以步行为主的交通体系，将车行、步行分开。

3.6.3 大学聚落设计模式三：互动共生模式（图3-41）

1. 经济互动模式

大学聚落设计的经济互动模式，主要指的是大学聚落的科研、学习、服务三大模式。

（1）科研模式。主要包含两个方面：第一，指的是为社会输出科研成果和高科技人才。大学作为知识、智力的集中场所，对区域的经济发展往往起着相当重要的作用。从美国的硅谷模式、128公路区，日本的筑波，中国台湾的新竹等情况就可以看出。第二，大学聚落作为科研的"孵化器"，可以促使小型科技公司逐步孵化、成长。

在我国资源相对紧缺的现实国情之下，需要尽可能把有限的稀缺资源集中投入到发展潜力大、规模经济和投资效益明显的少数地区或行业，使主导部门或有创新能力

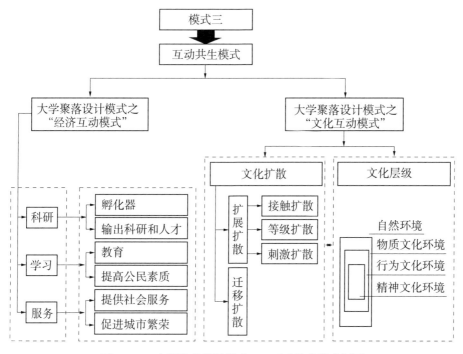

图 3-41 大学聚落设计模式三：互动共享模式框图

的企业或行业在一些地区或大城市聚集，形成一种资本与技术高度集中、具有规模经济效益、自身增长迅速并能对邻近地区产生强大的辐射作用，可以带动相邻地区共同发展的聚落，其实广州大学城就是这样的发展思路。

（2）学习模式。主要包含两个方面：第一，大学聚落是提供高等教育的场所，能培养大批高素质人才。第二，大学聚落在城市中，也能起到带动作用，促使区域居民素质的提高。大学聚落的科研机构、文化娱乐、卫生保健、环境艺术等兴旺发达，将极大地提升当地的文化氛围，亦可为区域内居民所用，对提高当地居民的文化素质是有帮助的。

（3）服务模式。亦包含两个方面：第一，大学聚落可以为社会提供各种服务，例如科研合作、教育培训、知识转化、产业提升、技术创新等。为区域的发展带来很大的促进作用。第二，科技促进城市繁荣。大学聚落的发展，可以与周边的科技开发区联动，形成集群效益，从而带动城市发展。例如，日本著名的筑波科学城就是为了缓解东京的城市压力，实现城市发展由"单极"向"多极"的战略转移迁建，与大学共同组建研究机构。筑波科学城不仅开创了日本近现代新城建设的先河，而且也极大地促进了日本科学、技术、产业的提升与发展。

2. 文化互动模式

（1）文化扩散

作为大学聚落的文化，从其产生以后，一直处于随着时间不断扩散的状态。文化扩散形成文化区，而文化扩散的程度，又决定了文化区的大小程度。关于文化的扩散现象是复杂的，瑞典著名地理学家 T. 哈格斯特曾有过深刻的论述。[1]

（2）文化层级

大学聚落的文化具有层级性。由内向外，形成若干圈层，即精神文化环境、行为文化环境、物质文化环境、自然环境。大学聚落的精神文化，是其最本质的内核，它往外延伸，形成行为文化环境和物质文化环境。

3.6.4　大学聚落设计模式四：适应性模式（教育政策、教育理念）

政治、文化、教育政策的影响，对我们的大学是很重要的。在这样复杂的背景之下，大学聚落需要提倡"适应性的模式"（图3-42）。适应性模式主要体现在以下两层意思中：①认识大学聚落背后的复杂因素，特别是教育理念、教育政策对于大学的影响。在我国高等教育迅速大众化的背景下，教育理念要突出集约的观念，强调综合创新、突出学科的交叉、突出与市场的合理接轨、突出教育资源的有效利用。②在适应教育理念所带来的影响下，提倡大学聚落规划设计要适应它们所带来的影响，如加强交往场所的设计；加强空间的适应性，利于学科的交叉利用；注重功能的复合，避免在大范围的空间内进行简单的分区等。

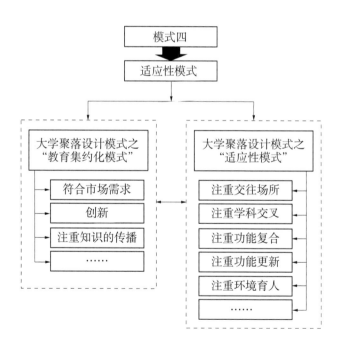

图3-42　大学聚落设计模式四：适应性模式框图

---

① 赵容，王恩涌，等. 人文地理学 [M]. 北京：高等教育出版社，2006：26.

3.6.5 基于城市层面的大学聚落设计提炼

当前大学的高速发展，是一种粗放型的发展方式。保护珍贵的土地资源、维持合理的能源消耗、集中有限的社会资源，走勤俭、精益、内涵式的发展道路，是当前高校建设所必须思考的问题。同时，大学聚落与城市聚落有着血脉相连的联系，大学设计是都市设计的实验室。

在此，本章着重关注四大设计策略：①适度群构的大学聚落；②资源协调的大学聚落；③共享互补的大学聚落；④高等教育方针与大学聚落的集约发展。并在以上策略分析的基础上，提出大学聚落设计模式——由"粗放模式"转换为"集约模式"，包括：①多元群构模式；②资源协调模式；③互动共生模式；④适应性模式。

总之，大学聚落在城市层面，强调结合中国国情，寻求一种"突出经济、环境、社会综合效益"的集约化设计模式。

4 基于校区规划层面的大学聚落设计

4.1 校区规划层面关注的焦点

4.1.1 整体化设计

在规划层面，大学聚落设计需要体现整体化设计的思路，整体化设计有多重含义。

（1）当今时代，大学聚落的发展受许多因素的制约，如高等教育理念、人才培养模式、城市经济、社会、文化等。再者，大学聚落自身也变得越来越复杂。因此，大学聚落的设计是一个系统工程，需要有整体设计的思路。

（2）整体设计包括大学校区规划的布局、形态、功能、景观、交通等各规划环节，具体来说，整体设计的内容包括"形态整合""功能规划""景观规划""交通规划"四个主要部分。

（3）整体设计不仅仅指以上四部分的内容，同时还要注意它们之间构成整体效应的过程。在实现整体效应的过程中，需要强调大学聚落体系的完整性，强调大学聚落中传统文化与现代设计技术的融合，并统一考虑形态、布局、功能、景观、交通等技术问题，从而形成大学聚落整体的教学、科研、生产的良好环境。

（4）从关注范围来看，涉及"老校区人居环境的更新、老校区的扩建、新校区的建设、大学城"等多种类型，其目的是通过整体设计，实现大学聚落可持续的"有序发展"。

（5）弘扬以人为本的人文精神，对于大学聚落的持续有序发展，是不可缺失的。从而，实现大学聚落"物质环境"与"人文环境"的协调发展。[1]

4.1.2 范围界定

（1）从大学聚落功能设计、大学聚落交通设计、大学聚落景观设计三个层面进行大学聚落整体设计。

（2）从对老校区内部保护、老校区外部拓展、新校区建设、大学城等四个方面，

---

[1]覃力. 整体化大学校园空间环境的探索［J］. 建筑学报，2002（4）：12－14，67－68.

进行大学聚落在整体层面的可持续设计。

（3）大学聚落设计的系统性塑造。在不少情况下，人们常常片面地认为，整体就是各个部分机械式地累加或拼凑，也就是"1＋1＝2"。不过，科学的整体观认为，分解只是人类认识复杂事物的方法之一，当我们把一个复杂事物分解为各个组成部分时，这些部分，已经失去了作为整体的一个部分的一系列关键属性。当将各单个事物通过整合形成一个整体时，就与机械的累加完全不同，整合之后，就能实现"1＋1＞2"的效果。

就"整体大于它的各个部分之和"这一论断，我们可以从两个方面来理解，一个是新"质"的产生，另一个是功能或属性在"量"上的增加。因此可以推断，大学聚落通过整体设计，一方面可以促使大学聚落品质的提升，另一方面可使得环境功能增加，比如物质空间中增加文化功能，综合环境中强化教育、信息载体功能等。①②

4.2 大学聚落的功能设计

4.2.1 教学环境

1. 具有中心区的大学聚落

大学聚落往往具有一个核心区，作为大学公共活动的空间。教学区作为大学功能的主体，在校园的总体格局中，始终是规划结构的中心。根据功能的不同，中心区建设有教学楼、实验楼、图书馆、院系楼、信息中心、礼堂等建筑。某些规模较大的学校，还可能存在多个分散的教学区，并且不可避免地会与其他种类的设施有所渗透，但主要的教学设施仍然分布在各个区域的中心地带，并形成以教学区为主体的校园中心地带。③④

从空间组织方式来看，规模较小的大学，一般以主教学楼为中心，具有鲜明的教学中心区域；而在规模较大的大学中，教学楼往往以组团方式布置，结合自然环境，形成一个具有向心性的教学中心区域；对于规模超尺度的大学，可能呈现多个教学中心区的发展形态。大学聚落的教学中心区可以理解为：以从事教学活动为主，并兼顾其他各种交往活动的公共空间，是具有显著特征与凝聚力的中心区域，其设计手法也是多样的（表4-1）。

①何镜堂，涂慧君，邓剑虹. 共享交融，有机生长——浅谈浙江大学新校园（基础部）概念性规划中标方案的创作思想［J］. 建筑学报，2001（5）：10-12，65-66.

②胡晓鸣，吴伟年，洪江，等. 聚合与分散——现代综合性大学校园发展的新趋势［J］. 建筑学报，2002（4）：18-19.

③郭钦恩. 大学集群式公共教学楼的设计模式［D］. 广州：华南理工大学，2004.

④王琰. 现代大学整体式综合教学楼群设计研究［D］. 西安：西安科技大学，2002；齐靖. 当代高校教学区的交往空间研究［D］. 长沙：湖南大学，2004.

表 4 - 1　大学聚落教学中心区的设计手法图示

巨型广场中心	以巨型广场作为主要的交往空间	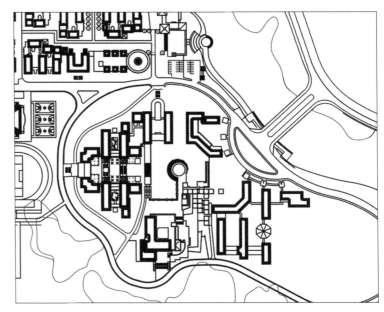
		华南师范大学南海学院教学中心区（来源：华南理工大学建筑设计研究院）
生态中心	将自然景观引入校园中心区，使自然环境与建筑空间相互交融渗透	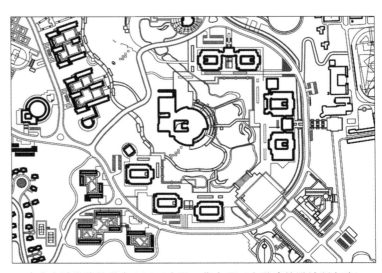
		南京审计学院教学中心区（来源：华南理工大学建筑设计研究院）

礼仪空间	轴线生长的礼仪性空间主导	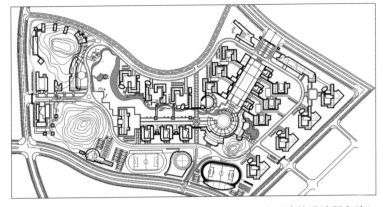 广州大学城华南理工大学新区（来源：华南理工大学建筑设计研究院）
步行轴线	亲和性的步行轴线	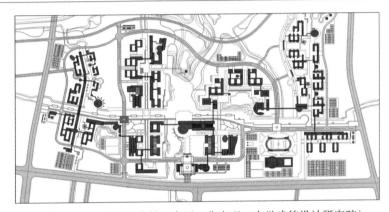 江南大学中心区步行水轴（来源：华南理工大学建筑设计研究院）
小型尺度	小尺度的人性环境	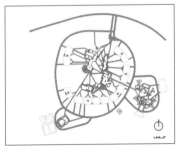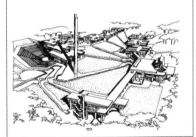 东南麻省理工大学（来源：周逸湖，宋泽方. 大学校园规划与建筑设计［M］. 北京：中国建筑工业出版社，2006.）

巨构中心	单个巨构教学中心	
		西安科技大学中心区（来源：华南理工大学建筑设计研究院）
院落	通过院落围合形成	西安交通大学教学区（左）；弗吉尼亚学术村（右） （来源：华南理工大学建筑设计研究院）
网格化的中心	网格化的教学环境	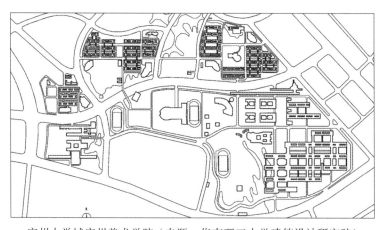 广州大学城广州美术学院（来源：华南理工大学建筑设计研究院）

注：本表由华南理工大学建筑设计研究院整理。

2. 大学聚落教学区的功能复合

伴随大学聚落规模的不断增大，其教学区出现功能复合化趋势。大学聚落规模增大，表现在两个指标上，一个是学生人数的增加，即原有的千人学校（2000～5000人），随着高校扩招政策的出台，新建校区的学生人数激增至近万人，有的甚至达到数万人，规模巨大；另一个就是用地规模的增加，新建校区动辄上千万平方米，人均用地偏高。在如此巨大的规模之下，原有的功能分区体系，已经难以适应大学的发展。可以想象，校区的规模一旦达到数万人，简单地将学校分为教学、生活、体育三个区域，就显得尺度太大了，必然会给广大师生的学习、工作和生活造成巨大的影响。为了解决这样的问题，大学聚落设计必须另辟蹊径，通过教学空间和学生生活空间的变换与复合，重新组织它们之间的相互关系。简言之，就是抛弃传统"三大区域"的品字形布局方式，换成灵活多变的复合功能组织方式。①

此外，大学聚落复合功能组织形式，也满足了现代高等教育不断发展的需求。现代科学技术发展日新月异，更迭频繁，要求教育设施具有更大的适应性和灵活性，能够适应专业或学科的变更。从而，在空间布局上要以方便各学科教学设施的通用互换为原则，采用相对重复和统一的空间结构模式。

3. 大学聚落的交往空间组织

人类社会发展到今天，已经进入知识经济、信息社会、互联网高速发展的时代，人们的许多观念发生了根本性改变。信息技术的迅速发展，促使高等教育的内涵与方式发生很大变化，大学的教育从以往的老师向学生单向灌输，变成更为广泛地面对面的交流与接触。因此，大学聚落的设计，需要提供大量的供师生交流、互动的空间，这是当今大学规划设计中的一个重要特点。澳门大学横琴校区的公共交往廊道、浙江大学建筑组团内部交往空间（图4-1）、南京审计学院新校区的公共交往庭院等，都是这样的例子。建筑设计师在设计的过程中，都比较重视这一概念。

在大学聚落规划设计中，往往在各建筑组团内部，组织独立的园林空间，用步行道把各个空间连接起来，使得各个教学组团之间，以及学生生活组团与教学组团之间，能够保持便捷的联系，方便人员的往来与交流。在大学的中心区，利用中央共享园林，使核心教学区和学生生活区之间相互连接，形成共享的交往空间。如此，大学聚落中，既有明确的功能分区，又有教学与生活的紧密联系。其间，教学区与生活区是并重的，学生既能方便往来于两区之间，又能观赏途中的生态景观。

4. 大学聚落规划设计的组团化、网络化趋势

大学聚落设计，其组团化的设计方式，是将建筑群体相对集中布置，形成独立的、组团式的布局方式。并且将组团内部的建筑物，用连廊等方式相互串通，方便学生在不同建筑之间穿行，如北京大学青鸟校园规划组团就是这样的实例。组团化设计使校园建筑相对集中，一方面缩短了交通流线，提高使用的效率；另一方面留下更多的绿化及发展用地，节约了土地资源。

---

①费曦强，高冀生. 中国高校校园规划新特征［J］. 城市规划，2002（5）：33-37.

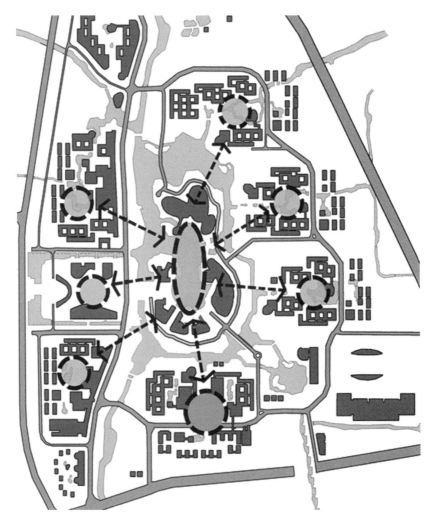

图 4 - 1 浙江大学西校区的组团交往空间示意图
（来源：华南理工大学建筑设计研究院整理）

此外，为了适应当前校园短期、快速的建设状况，大学聚落出现"模数化"的网格式空间布局。大学规划在总体布局上呈网络交织状，在网络的节点上布置服务空间，在网络的主干上布置功能房间，使房间的布置具有灵活性；另外，在结构方面统一柱网，使用"模数化"的开间设计，使得室内空间的划分，存在较多的可能性，具有较强的适应性。统一的柱网，便于建筑结构配件的批量生产、建设，从而节约了资源。网络化的空间布局，还有利于校园的可持续发展。

5．教学环境新的总体趋势

大学聚落教学环境新趋势分析见表4－2。

表4－2　大学聚落教学环境新趋势分析

新趋势	内　涵
1．空间布局的集中化和通用化	（1）集中型大学教学区形态，是一种相对高密度的教育设施环境，它不受专业学科的限制，使教学设施在功能和空间上形成统一的完整体系。它适应了新的科学发展趋势的要求，提高了教学工作的效率，促进了不同专业学生的相互交往，在技术上也有较强的操作性 （2）现代科学技术发展日新月异，学科更迭频繁，要求教育设施具有更大的适应性和灵活性，能够适应专业或学科的不断调整和变更。从而在空间布局上，要以便于各学科教学设施的"通用互换"为原则，采用相对重复和统一的空间结构模式
2．空间发展的持续性	建立一种长期发展结构，即持续性发展的空间形态。其中包括：教学区发展的空间格局、各种教学设施的平衡发展方式、分期发展建设的阶段及相应设施的分布等
3．空间结构多层次	学科交叉、人才复合培养带来空间的多层次性

注：本表由华南理工大学建筑设计研究院整理。

4.2.2　生活环境

1．大学聚落生活环境的变迁

西方早期大学多采用修道院的模式，在一个封闭的方院里设教堂、讲堂、食堂及师生宿舍，强调师生共同生活，教学居住同体，如中世纪早期庭院式大学。

到了19世纪，原有的封闭式的庭院已经不适应社会的发展，西方大学逐步打破庭院空间的束缚，慢慢走向开放。校园内部的生活空间，也从庭院中分离出去。例如，当时的美国，也逐步放弃了封闭的庭院，弗吉尼亚大学（1817）就营建了开放校园：以图书馆为主体，两侧设置教室及教授住宅，学生宿舍则位于教授住宅之后，与前者用廊道相连，形成开放的三合院，以促进学生的自治，并保持师生之间的亲密关系。

随着现代规划设计思想的发展，功能分区的理念在现代大学规划中占据了主导位置，大学中的学生生活区，成为一个相对集中的区域，被规划成为大学校园中的一个固定的区域，与大学的教学区、科研区、体育区并置。但是，对于现代大学生的居住问题，在不同的国家、不同的大学，还存在一些不同的做法。例如，美国的住宿学院，采用家庭化的管理方式，成为美国校园生活中最具有凝聚力与亲和力的组成部分。又如，法国的大学城，体现了开放办学的理念，充分利用社会资源解决居住问题，以包容共享、文化交流作为社区特色，成为法国乃至欧洲大陆普遍受欢迎的一种居住方式。

随着大学聚落的进一步发展，其功能、规模、尺度发生了很大变化，生活区的单一性被弱化了，与大学中的其他功能相互混合，形成了功能复合的大学聚落环境，这种趋势在前文中已有介绍，在此不赘述。

随着我国教育体制的改革、教育理念的更新，特别是后勤管理制度的社会化，我国大学生生活区的建设有了长足发展，同时也出现了很多新的问题。解决好大学生居住问题，对提高大学的教育质量、全面培养大学生素质有着不可忽视的作用，已成为共识。在目前常见的大学规划设计中，大学生生活区的布置模式大体分为三种方式。

（1）行列式布局——这是现今使用最多的一种模式，大概是受居住小区的布置影响。这种布局的优点是简单实用、规整统一，如中欧国际工商学院宿舍的行列式布局。这种布局的不足之处，是外部空间形态较为单调，缺乏丰富的变化。

（2）院落式布局——现在一些大学，也采用一直延续下来的院落式布局。这种布局方式能够提供较为私密的环境，较好地避免了外界的干扰，但其空间组织较为凌乱、空间层次不足。

（3）综合方式——混合多种布局方式，如行列式、院落式、点式等，空间分布相对灵活，既避免了行列式的单调性，又避免了院落式的凌乱，是一种较为合理的布局方法。例如，在重庆工学院（现重庆理工大学）花溪校区就采用了这种综合布局方式①（图4-2）。

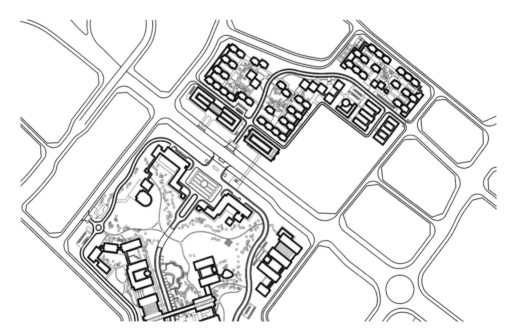

图4-2　重庆工学院（现重庆理工大学）花溪校区组团式宿舍分布

（来源：华南理工大学建筑设计研究院整理）

---

①张雷. 学生宿舍的类型与形式初探［J］. 世界建筑，2003（10）：17-19.

2．大学聚落生活区的外部空间形态

生活区的外部空间形态，大致可分为如下两个类别。

（1）对于老校区的生活区，其外部空间形态比较丰富，聚落的人文感较强，令人赏心悦目。那些历史悠久的老校区，在建设初期，学生数量较少，校舍的容积率较低，建筑多为3～4层，因而外部空间比较合适，尺度比较亲切，常形成院落空间。这些老校区在经过长期发展以后，由于时间的积累，其绿化环境优良，成为供人活动的场所，往往形成内容丰富多样的学生聚居环境。①

（2）对于新建校区的生活区，住宿环境比较规整，用地尺度也比较大。这是因为，扩大招生导致学生数量增长，所以生活区的设计方法，也产生了许多新思路（表4－3）。

表4－3　大学聚落生活区环境设计简析

整体构成的新趋势	内　涵
1．注重公共空间	当前我国高校生活区的外部空间环境普遍存在的一些问题有：缺乏多样性，布局凌乱，公共交流空间缺失等。这是由于长期以来对生活区不够重视，以及经济问题造成的
2．层次明确的整体聚居环境	大学生生活区的规划结构层次，大致可以划分为：生活区—生活组团—社区单元三个层级。多层次的空间结构体系，为大学生的公共交往提供多层面的可能，最大限度地促进整个学生生活区的公共活动。这一组合模式，强调各个层级的人数规模和公共空间限定的重要性
3．针对学生群体的适宜环境	（1）人的心理认知度：生活区规模的设定，还应考虑个人的心理认同和群体的社会交往等因素，针对大学生的年龄和性格特点，控制生活区规模，有助于形成良好的社区归属感 （2）在学校规模较小的情况下，生活区规模尚可控制在合理范围内。但是，当学校规模过大时，简单地将生活区规模随之扩展，而不进行有效的分区，所带来的不便问题，诸如设施的使用便捷度下降，交通、管理和社会交往不利等，将阻碍大学生生活质量的改善

4.2.3　研究环境

在大学聚落的附近，常常有各种类型的科技园区落户，科技园与大学的关系非常密切。在世界新技术革命和产业结构调整的背景下，大学的社会服务职能逐渐加强，与周边城市社区的联系也越发密切。为了很好地利用大学的科研优势，围绕大学聚落

---

① 张峥，曹震宇，徐雷．新建大学学生生活区的规划探索［J］．浙江大学学报，2006（2）：290－293.

的各种高新经济技术产业园区、科技园区等研究区域不断增加，并迅速发展。

大学科技园区的典型实例，当属硅谷的斯坦福工业园（Stanford Industrial Park）。"二战"结束后，斯坦福大学采纳 Frederick Terman 的建议开设工业园，得到迅速的发展。由此，美国加州的圣塔克拉拉谷（Santa Clara Valley）以此为契机，围绕斯坦福大学、加州大学伯克利分校等著名大学，逐步形成了举世闻名的美国"硅谷"。当时，斯坦福大学的副校长特曼（Terman）教授目光远大，非常注重大学科研成果的实际应用，果断地将斯坦福大学的大量遗留荒地，以廉价的租金出租给大学创业人员开办企业，并在 1951 年创建斯坦福工业园，它开创了产学研一体的大学模式，并成为世界上第一个科技工业园区。类似的例子，在英国也有出现，大学科技园创造的"剑桥现象"则是一个成功的典范。剑桥大学的圣三一学院将剑桥市东北角一块 53 公顷的土地，用来作为建设科技园的用地，它最终促成了所谓的"剑桥现象"。越来越多的高科技企业在剑桥地区涌现，对整个剑桥地区高科技产业的发展，起到了重大的促进作用。[①] 从斯坦福科技园创建至今，全球以大学为依托的科技园区，已达 2000 多个，而这些不断涌现的科技园区，已成为当地甚至世界的经济驱动器。[②]

我国大学的产业化，经历了从创办校办产业，到建设大学科技园的发展过程。根据《国家大学科技园"十二五"发展规划纲要》的数据，预计到 2015 年，全国大学科技园总数达到 200 家，而"国家大学科技园（National University Science Parks）"总数将达到 100 家，园区面积可达到 1000 万平方米。根据来自 22 个大学科技园的统计数据表明，大学科技园已经成为科研成果转化的基地、高新技术产业的孵化器，是我国经济发展的新增长点。仅就国家大学科技园来说，到 2015 年，其所依托的专业服务机构总数已达到 1000 家，正在孵化的企业有 8000 家，"十二五"期间累计转化科技成果达10000 项以上。[③] 现有的大学科技园区，不仅直接孵化大学科技企业，还吸引了大批国内外高新企业和海外留学生入园，实现以大学为依托的科技创新。通过大学科技园内各企业之间、企业与大学之间、科研人员和师生之间紧密的合作与交流，形成了大学科技园特有的创新网络，发挥了科技园的聚集效应。

北京大学百年校庆时，美国著名的斯坦福大学校长卡斯帕尔指出，未来的高等学校应当是"研究密集型大学"。而要成为高水平的研究型大学，除了要有出色的科研能力和高水平的创新人才，更重要的一点就是，要有较高的科技成果转化能力。所以兴建这样的大学科技园区尤为重要，例如，英国剑桥大学（图 4 - 3）就是产学研一体的综合体，在社会经济和国家创新体系中，将发挥很大作用。

①魏心镇，王缉慈. 新的产业空间——高技术产业开发区的发展与布局［M］. 北京：北京大学出版社，1993：56.
②丘建发. 国家大学科技园区规划设计探析［D］. 广州：华南理工大学，2005.
③百度文库. 国家大学科技园行业现状以及未来发展前景趋势分析；国家大学科技园"十二五"发展规划纲要.

图 4 - 3 剑桥大学

（来源：华南理工大学建筑设计研究院整理）

从科技园的发展特点来分析，它具有以下四个特征（表 4 - 4）：①类型的多样化，如校区内的、校区边缘的、独立的，等等；②孵化模式多样，有小作坊式的，有中等规模的"中心产业空间"，还有大的集团产业空间；③注重提供交流的空间；④多元化、创新性。大学科技园区是大学聚落服务社会，实现产、学、研一体化的重要平台。

表 4 - 4 科技园的发展特点分析

研究环境的变化	内涵
1. 类型变化	从校园内科技区，到校园边缘科技园，再到独立体系大的高科技技术中心
2. 孵化模式	从"小空间作坊—中心产业空间—大的集团产业空间"的孵化过程
3. 注重提供交流的空间	大学科技园创新网络与创新氛围的强弱，取决于园区交流活动的发生密度及其结点的强弱，这就要求园区为创新人员提供尽可能多的交流空间场所
4. 多元化、创新性	跨区域、跨省份建设的园区，既有空间形态上聚集形成的"园区"，也有空间上散布各处，靠数字化网络联系组织而成的"虚拟园"

4.3 大学聚落的交通设计

4.3.1 交通的阵发性与一致性

大学聚落交通的阵发性，指的是学生交通高峰期，在一天时间内有着比较固定的时间段，分别是早晨的 8 点、中午的 12 点、下午的 2 点和 5 点左右，人流如同潮水一样，是一阵一阵的，故称之为交通的阵发性。

大学生群体，是大学人群中人数最多的群体，具有较为一致的交通行为特征，如大多数的学生是采用步行、自行车为主的交通方式，比较一致和集中，故称为交通的一致性。大学聚落交通的阵发性与一致性是比较典型的特征，应根据该特征合理组织校园交通体系，妥善处理人车分流，以保证学生群体交通的畅通。

4.3.2 突出步行区域的重要性

校园交通系统中，步行交通占主要地位。在交通组织中，一般要优先考虑步行交通的需求，避免机动车交通对步行交通的干扰。由于优先考虑步行交通的需要，空间的"滞留感"较为明显，多数人走走停停，节奏缓慢，所以交通空间的整体特征，比城市交通系统更为安定，趋于静态的成分更多，适于行人的步行活动。

1. 线型步行道路

线型步行道路系统在大学中最为常见，所占的比重也相对较大，它是校园步行系统组织中最为常用的一种步行组织体系。线型步行道路系统规划设计时，如何"选线"是十分重要的环节。一方面，在选择校园步行道路的路线时，要把"短距离""安全性""最小工作量""最大经验量"等加以综合考虑，以保证选择出"最佳路线"；另一方面，步行道系统中的每一条步行道之间，不仅要保持良好的连续性，而且应与沿道路的建筑、广场、绿地、水面以及空间变换、动态感受等，保持良好的联系。如同凯文·林奇（Kevin Lynch）在《城市意象》一书中所说的："可以将道路类比为音乐中的'旋律'，如何组织一条路或一系列的道路，具有决定性的作用。沿道路的事物和特征，比如标志物、空间变换、动态感受等，共同构成一条富有韵律的行程，经过感知、意象，组成需要一定时间间隔来体验的形态。"

2. 面状步行区域

面状步行区域，是指大学聚落内部某一个或某几个地块采用步行交通的模式。步行区域的范围，与人出行所能忍受的步行距离有关。一般情况下，人的步行超出 15 分钟，在 1～1.5 千米的距离之后，将会选择使用自行车或是机动车。适宜的步行时间应不超出 10 分钟，假设步行速度为 5 千米/小时，则合理步行区域的活动半径应为 600～800 米，覆盖面积为 0.1～0.2 平方千米，这个面积范围，与我国大多数的校园来比，是偏小的。因此，在校园面积大于0.2平方千米时，应将校园划分为几个步行区域。

在空间形态与人的感受上，步行区域将线型步行道路与开敞空间相结合，形成更加丰富的步行体验空间。大学聚落内部，该模式多见于大学中心区步行区域、生活区步行区域、办公区步行区域等，可以和广场结合，也可以是底层架空的院落。例如，在广州大学城广东药学院（现广东药科大学）新校区设计中，教学楼、图书馆就采用了底层架空的院落，结合巨构的建筑模式，形成理想的步行空间。

4.3.3 内部交通综合趋势分析

大学聚落内部交通综合趋势分为若干类型，详见表4-5。

表4-5 大学聚落道路交通系统的结构形式及特点

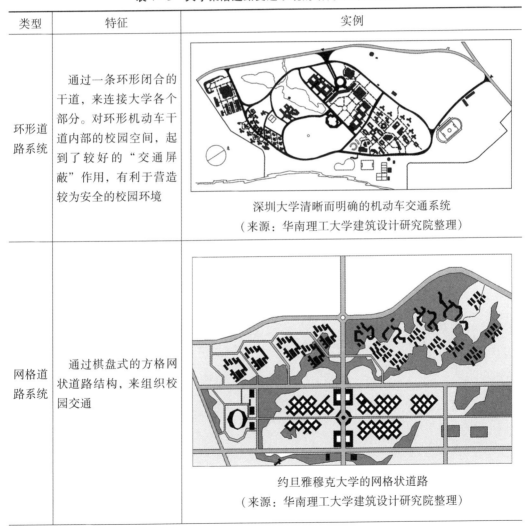

类型	特征	实例
环形道路系统	通过一条环形闭合的干道，来连接大学各个部分。对环形机动车干道内部的校园空间，起到了较好的"交通屏蔽"作用，有利于营造较为安全的校园环境	深圳大学清晰而明确的机动车交通系统 （来源：华南理工大学建筑设计研究院整理）
网格道路系统	通过棋盘式的方格网状道路结构，来组织校园交通	约旦雅穆克大学的网格状道路 （来源：华南理工大学建筑设计研究院整理）

类型	特征	实例
网格道路系统	通过棋盘式的方格网状道路结构，来组织校园交通	 西安电子科技大学校园规划中的机动车道路网络遍布校园各个功能组团（来源：华南理工大学建筑设计研究院整理）
枝状道路系统	类似植物的树枝。这种路网的优点，是分级清晰，交通疏导简洁明了，可识别性强。缺点是容易形成较多的断头路、交通末梢，给行人带来不便	 东南麻省理工大学（Paul Rudolp，1963） （来源：周逸湖，宋泽方. 大学校园规划与建筑设计［M］. 北京：中国建筑工业出版社，2006.）

续表

类　型	特　征	实　例
综合型的道路系统	鉴于大学聚落环境设计的复杂性，在交通设计中，往往综合运用各种路网体系，形成综合型道路系统	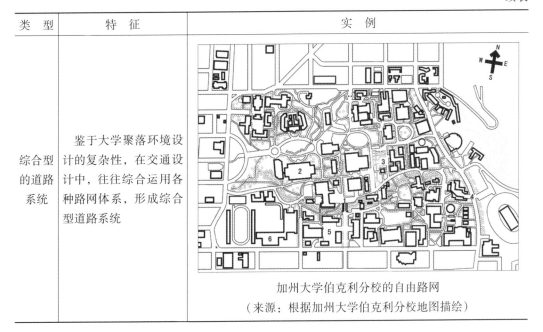 加州大学伯克利分校的自由路网 （来源：根据加州大学伯克利分校地图描绘）

4.4　大学聚落的景观设计

4.4.1　营造园林化的大学聚落景观

据专家考证，景观（landscape）一词，在文献中最早出现于希伯来文本的《圣经》中，用来形容自然风光的美丽。"景观"的外文词汇，在英文中为"landscape"，在德文中为"landschaft"，法语为"paysage"。19世纪初，德国地理学家、植物学家 Von. Humboldt 将"景观"作为一个科学名词，引入到地理学中。在汉语中，"景观"一词含义丰富，"景"字认为是"风景、景色、景致"之意，"观"字可表达观察者的主观感受，这与西方的 landscape 语义非常接近。大学聚落作为城市中学术型的区域，其景观设计尤为重要。这是因为广大师生是大学聚落的活动主体，他们在学校进行着各种形式的活动，在校园里交往、学习、生活、工作。因此，在大学聚落环境设计过程中，要努力营造大环境，精心设计小环境，尽力创造校园建筑内、外公共活动空间，以适应人们的行为与活动，这些都是校园规划建设的关键所在。各大院校通过营建园林化的景观，塑造宜人的教学科研环境，从而实现高等教育所倡导的"环境育人"的目的。

大学聚落的景观设计，要努力传承我国优秀的传统文化。我国传统的园林造园理念，对大学聚落景观的形成、发展有着深远的影响。古代园林营造之术，精彩纷呈，例如明代计成在《园冶》中论述："构园无格，借景有因……极目所至，俗则屏之，嘉则收之，不分町疃，尽为烟景，斯所谓'巧而得体'者也。"这一观点，反映在大学聚落设计中，就是将"园林营造"的借景手法，运用于校园规划设计，从而获得丰富多彩的景观效果。又如计成在《园冶》中叙述："凡造作难于装修，惟园屋异乎家宅，曲折有条，端方非额，如端方中须寻曲折，到曲折处环定端方，相间得宜，错综为妙。"这一观点，反映在大学聚落设计中，可以将起承转折的造园手法，用于营造大学校园的园林空间场所。

4.4.2　大学聚落的立体景观体系

大学聚落的立体景观体系，包含水平的横向模式和垂直的纵向模式。

1. 横向模式

"横向模式"主要指的是，大学聚落景观在水平面方向形成"生态公园—绿块—廊道—斑块"的层级体系，形成大学绿化景观网络。在景观设计中，其核心教学区景观和学生生活区景观应有机联合，形成斑块绿化，并结合线型的道路绿化，将各建筑组群的庭院绿化相互串联，融为一体。大学聚落景观的横向模式，应结合大学聚落的原生态环境，尽量保留原有的地形、地貌、自然植被，加以合理组织，构建层次分明的绿化网络。在这一水平网络之中，"簇群式"的建筑群体融于其中，达到建筑与环境的最大融合。同时，结合地形条件、水

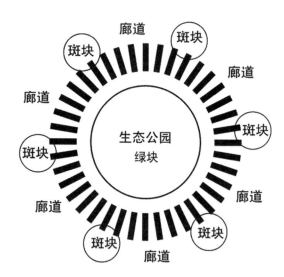

图 4-4　大学校园的生态景观机制分析

文状况，营建几个生态公园，体现湖光山色的水景景观，成为校园环境的核心（图4-4）。

2. 纵向模式

"纵向模式"主要指的是，大学聚落景观在垂直方向形成"地下—地上—空中—屋顶"的立体化生态景观。纵向模式涉及一个空间层级的绿色景观体系，比如下沉式广场、绿化平台、屋顶花园等，这些体系可以有效地延续自然景观。例如，靠近山体的建筑作屋顶花园，就可以延续山体的绿色界面；而位于廊道平台的绿化，以及建筑开敞式院落绿化，会很好地丰富大学聚落的景观。

4.4.3　景观复杂关系解读

大学聚落立体化生态景观模式是一个复杂系统。其中各要素之间，存在较为复杂的关系，概括起来，大致有三个大类，即层级关系、并列关系、链接关系。[①]

1. 层级关系

大学聚落景观层级可分为四个层级的园林空间。第一层级的园林空间，校园中往往形成以活体水面为主的生态岛。山丘或是成片的绿地为师生提供了尽可能多的休息、交往场所。借鉴中国古典园林的组织手法，将严谨规则的建筑群体与自由开放的自然环境相结合，疏密有致。第二层级的园林空间，往往在教学中心区，或是中央广场，采用理性规整的处理手法，形成传统校园中的仪式性空间，成为理性的大学精神的象征。第三层级的园林空间，通常是指建筑群体围合的园景，营造尽可能多的接近人尺度的空间和交往场所。第四层级的园林空间，通常在建筑内部，将中庭、天井、空中花园、交往平台等空间作为人们与自然更多接触的场地。

2. 并列关系

在大学聚落的景观组织之中，会形成若干平行要素，从而构成景观的并列关系。例如，大学中形成若干生态轴线，各轴线之间的关系是平行的。又例如，大学中若干建筑组团围合成生态院落，各个院落之间也是平行的关系。在不同层级，各平行的景观机制形成一个体系。不同的机制合并在一起，形成立体化的景观系统，最终构成立体化生态景观的层级关系。

3. 链接关系

大学聚落的景观模式，还存在各要素之间链接式咬合关系。例如，在大学聚落中的线型景观轴线上，常常会复合一些点状的生态节点（或生态斑块），如此，线型景观与点状、斑块状的景观就出现了交叉咬合关系，如同"玉带珠帘"一样。同理，在超大尺度的大学聚落中，大片的生态公园可在校园中重复出现，在更大范围的空间呈现串联、并联分布，形成新的链接关系。

4.4.4　景观系统空间构成

大学聚落的立体化景观，将构成多样化空间。这种多样化空间，沿用"田园城市"的理想模式。"田园城市"规划思想认为，可将若干田园城镇环绕中心城市，以便捷的公共交通网络相联系，田园城镇与中心城市之间设置永久性自然环境。这种规划思想与大学聚落空间组织方式耦合，是以生命体细胞生长的方式，推动校园的逐步成形(图4-5)。此种规划思想，有利于增强校园环境的识别性，适应校园环境分区的互动性，强调意境创造上的内聚性，形成相对独立的高效工作系统，如东南科技园的

---

①魏琨. 大学校园教学区的景观设计研究［D］. 西安：西安建筑科技大学，2005.

景观。[①]

大学聚落景观系统空间构成，可分为三个层面：①集中空间——中央生态核。②线型空间——生态轴线式的生态带。生态轴线也是山水大学所常用的设计手法。③点状空间——学习与生活并重的多中心交往场所。

4.5　大学聚落的可持续性设计

4.5.1　大学聚落的保护与重整

我国的大学经历了20世纪90年代以来的一段高速发展期，在短短十多年时间内完成了西方国家上百年的发展历程，基本完成了从精英教育到大众教育的重大转变。1999年以来，高等学校逐年扩大招生，高等教育机构随之迅速增加。2004年全国高等教育机构共有2236所，其中普通高等学校有1731所，各类高等教育的总人数达到2000多万人，高等教育进入大众化阶段。

图4-5　印度尼西亚第伯克校园景观分析
（来源：华南理工大学建筑设计研究院）

虽然新建的大学校区，在客观上缓解了办学规模急剧扩大的压力，然而也带来了校园文化的断层、师生心理归属感的缺失以及缺乏生活便利性等诸多问题。在可以预见的未来，与大学的大规模刚性规划不同，校园的柔性更新——"插入式"建设，以及校园环境的优化和改善，将成为校园规划和设计的主题。大学聚落的发展，将由大学自身发展的内在需求决定，这是一种较为理性的扩张模式，也是注重校园可持续发展和人文精神提升的发展方式。

1. 几个实例分析

（1）清华大学分期发展中环境的保护与重塑

诞生于1914年的清华大学，是一座具有悠久历史的百年老校，校园形成了良好的聚落氛围。在漫长的发展过程中，曾经有过几次大的校园空间的变化，反映出国家与社会对大学发展的重大影响。

从历史脉络上看，清华大学分别经历了以下几个设计阶段。一是1914年美国建筑师墨菲和丹纳设计的早期校园。学校分为东部的留美预备学校和西部的综合大学两大组成部分，学校主要采用轴线延续的对称布局方式，有大礼堂、草坪，让人想到了美

①周小青. 我国大学校园特色景观营造方法研究［D］. 福州：福建农林大学，2005.

国的弗吉尼亚学术村。二是 16 年后，也就是 1930 年，我国建筑师杨廷宝对清华大学做了进一步的规划，但对于学校原有的结构没有做大的改变，新增的生物馆、气象台、图书馆等建筑依然延续原有的大学规划脉络。三则是中华人民共和国成立以后，我国大学一度处于高速发展阶段，清华大学原有的校园结构已经不能满足当时的教育需要，于是学校的规划发生了较大的变化。

1954 年的规划，依然秉承"保护与重整"的思路，一方面，对于原有的校区尽量地加以保护式的整合，使之成为新校区的一个有机的部分（即一个"子区域"）；另一方面，在校区的东部新建区域，另起一道轴线关系，扩大了校区面积。至 1978 年，清华大学对于内部的聚居环境，在此基础上进行进一步的调整规划，对于住宅与教工宿舍、东区的建筑等做了适当的调整，形成了一定的规律性。1978 年的规划，清华大学内部环境依然处于不断的演化、重组过程中，到了 1994 年的规划，清华大学的教学区完全演化到了主楼的南面，形成新的带有中轴线的建筑组群。

从清华大学的发展过程可以看出，大学除了在中华人民共和国成立以后向外扩张、寻求新的领地之外，一直处于针对校园内部结构的调整中，对于原有校园的保护理念是十分明显的（图 4-6）。

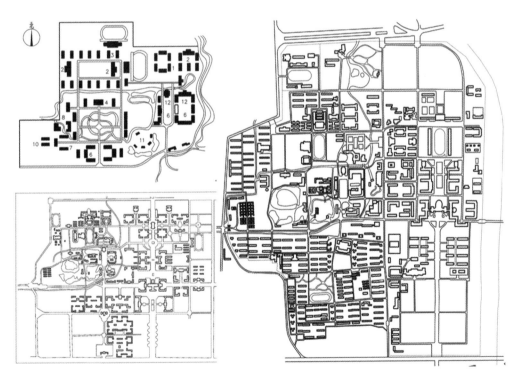

图 4-6　清华大学 1914 年（左上）、1954 年（左下）、20 世纪 90 年代（右图）规划平面
（来源：华南理工大学建筑设计研究院收集整理）

（2）中山大学分期发展中环境的保护与重塑

中山大学创办于1924年，前身是岭南大学。岭南大学在空间布局时，采用了比较严格的轴线发展方式，教学中心区明确，学生宿舍和教师宿舍围绕教学区布置，功能分区比较明显。[①]在20世纪30年代，校区的面积已经达1平方千米。经过几十年的发展，校区面积在原有的基础上又扩大了不少，20世纪90年代后校区做了重新规划。在新的规划中明显可以看出，对于原有岭南大学轴线空间脉络的保护，大的轴线关系依然一目了然（图4-7）。校区以贯穿南北的主干道逸仙路为中轴线，将校园网格道路加以整合，保持了校园比较清晰的规划结构。

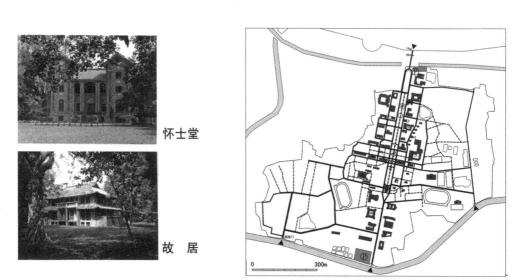

图4-7　中山大学的轴线分析

（来源：华南理工大学建筑设计研究院整理）

（3）北京大学分期发展中环境的保护与重塑

北京大学创立于1898年，初始名称为京师大学堂，1912年5月15日，京师大学堂正式更名为国立北京大学，是中国第一所国立大学，也是中国近代史上正式设立的第一所大学。中华人民共和国成立以后，人民政府于1952年对高等院校进行了院系调整。院系调整后，燕京大学（Yenching University）等并入北京大学，而且，燕京大学的校址"燕园"（建园时，是中国规模最大的、环境最优美的校园）成为院系调整后的北京大学的校园。故而有人误认为燕京大学是北京大学的前身，却不知1919年燕京大学成立时，比1912年成立的北京大学已经晚了七年，何谈其为北京大学的前身呢！

20世纪50年代，北京大学在南区扩建了教学楼群，形成了新的轴线关系。二十世纪六七十年代新建了遥感楼和图书馆；20世纪80年代中期，校园在东南区又进行了一

①黄立新. 传统校园更新设计模式的探索［D］. 广州：华南理工大学，2005.

110

次扩建，形成了现有的布局。校园围绕未名湖，形成若干的轴线关系，是保护与整理的典型范例（图4-8）。

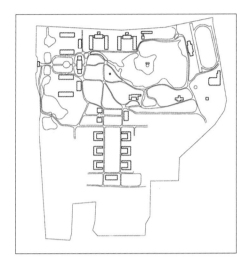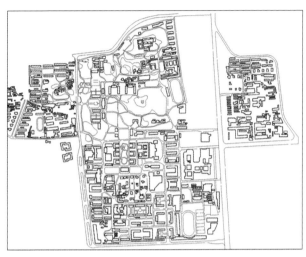

图4-8　燕京大学平面，以及北京大学的现状和未名湖区域的发展现状

（来源：齐康. 大学校园群体［M］. 南京：东南大学出版社，2006.）

2. 保护与重整的相关建议

对于历史悠久的大学，其校园环境的设计，应注重保护与重整的协调，以实现大学的传承与发展并重，从而走向可持续发展的健康之路。具体建议见表4-6。

表4-6　大学聚落保护与重整的相关建议

分类	具体策略
保护	1. 校园与城市是有机复合的整体，因此，要避免大学周边环境对校园整体风貌的破坏
	2. 对现有的校园空间结构进行合理保护，对不合理的地方进行必要的调整，于校园整体空间环境具有突出的意义
	3. 具有深厚历史价值和广泛社会影响的建筑，应采取保护、原样修复的方法。在建筑艺术、历史价值方面有独特的地位并仍在使用中的建筑，以及有一定的历史和艺术价值但不能以原有功能使用的建筑，可以采用多种保护与更新相结合的方式，比如，可以保持原有外貌特征和主要结构，内部重新处理
	4. 能增强校园文化氛围的、一些饱含文化性和教育性的校园空间环境，应予以保护
	5. 道路系统是校园的骨架，兼具交通和交往的功能。它们与校园的空间结构具有共生的关系
	6. 校园是城市中的生态敏感区。良好的校园生态环境，对城市的生态状况起着积极的作用，对于城市今后的发展，也有着长久和深远的意义

分类	具体策略
重整	1. 整体优化设计，关注的是校园内部形态秩序的调和，大体分为空间使用体系、交通空间体系、公共空间体系、景观空间体系、自然历史资源空间体系几个部分
	2. 当前大学校园总的趋势是从"封闭的、小而全"的空间模式，转变为"开敞的，重点突出，与周边环境有机融合"的模式
	3. 公共空间整合
	4. 重构校园中心
	5. 接建、扩建、地下扩建
	6. 对于校园内有重要地位的建筑群体而言，需要强化轴线、尊重历史建筑群体的拓展，并保持多种模式的群体生长态势
	7. 注重校园自然景观环境的生态性
	8. 对交通节点进行处理，建立覆盖全区的交通系统，保证步行、自行车和公共交通之间的连通性，把这些方式融合在一起，形成一种新的交通方式

4.5.2　大学聚落的拓展与延续

大学聚落的拓展，主要是指依托原有的聚居环境，进行有序的扩建，扩建的区域与原有的区域需要保持一定的延续性。

1. 传统与个性延续

在规划设计中，应尊重原有校区的传统、营造"以人为本"的大学聚落个性文化；同时，在建筑的造型、风格上，还要注重老校区的风貌延续性，做到既有时代感，又体现不同大学的个性，兼顾建筑风格的整体性。对于老校区风貌的延续性问题，主张在大学整体形象和谐统一的前提下，既能体现老校区风格，又要强调各单体建筑的个性化设计，并着力营造新的标志性建筑群。[①] 例如，在长江大学新校区规划设计中，鉴于老校区原有建筑造型与色彩具有浓烈的文化气息，所以，在新校区的建筑造型及色彩处理时，特意保持了原有校区的风格。

2. 景观延续

大学聚落中景观延续的设计理念，涵盖两个方面的思维：第一，对环境的适应性，即主张尊重校区原有环境，突出其个性化的环境特质；第二，对设计的主动性，即强

---

①查尔斯·詹克斯，卡尔·克罗普夫. 当代建筑理论和宣言 [M]. 周玉鹏，雄一，张鹏，译. 北京：中国建筑工业出版社，2005.

调设计之中结合"原生态"① 的场地环境，进行主动的整合与改造。由于老校区的景观环境常常是经过多年积淀形成，所以相对比较成熟，需要加强对原有校区景观环境的保护；其次，在生态脉络的形成过程之中，还需要保持新、老校区景观的整体延续性。

在校区的景观设计过程之中，应结合不同校区的地域环境、地形、地貌，将大学的人文精神与中国古典园林的优雅神韵结合起来，以实现新时代以人为本、传承历史、注重文化的营造思想。具体来说，主要表现在以下三个层面的设计方法（图4-9）：①聚落空间层面的景观设计方法（即结构的适应性）；②建筑群体层面的景观设计方法（即关系模式的适应性）；③单体建筑及细部层面的景观设计方法（即元素介入方式）。下面结合重庆交通学院规划设计、长江大学新校区规划设计的实际案例，分别进行叙述。

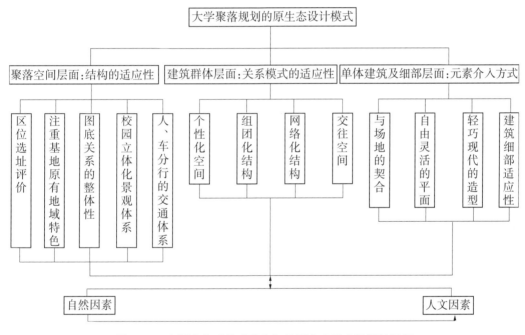

图4-9 大学聚落"景观融合"的原生态适应性设计图解

（1）结构的适应性

在重庆交通学院的规划设计中，校园以舒适的步行尺度为依据，以山水为结构元素，形成教学与生活并重的多中心布局（图4-10）。首先，在交通方面，通过中心区步行系统与外圈环形机动车道相结合的设计，将整个校园连成一个整体。其次，在校

---

①原生态设计理念在国外早有研究，英国园林设计师I. L. 麦克哈格于1969年出版的《设计结合自然》（*Design with Nature*）一书中，就突出强调设计中对自然因素的尊重。同样在中国，古人传统的"原生态"思想强调人对于气候和场地的适应，是古人朴素自然观的体现。

园的出入口设置方面，由于城市干道通向老校区的方向，因此在该地段设计学校出入口，使得新校区能与老校区方便地联系。第三，校前区设计方面，利用校行政楼与院系行政楼围合出完整的校前区空间，并利用北边的丘陵作为校前区空间的背景，增加了校前区空间的灵动氛围。第四，公共设施共享方面，将体育中心放在东南角，更好地实现体育设施的社会共享，将科技创业园区布置

图4-10　重庆交通学院平面规划图

在东侧的城市主干道旁边，与城市方便联系。第五，建筑布局方面，强调建筑布局与原有地形地貌相结合，建筑依山而建，把丘陵留出来作为景观元素，形成"建筑—丘陵—建筑—丘陵—建筑"的校园结构，同时校园建筑布局向长江开放，把长江景观引入校园内部，形成山、水、建筑一体化的校园空间。

（2）关系的适应性

当今时代，大学的教育从以往的单向灌输，变为更强调面对面的交流与接触、交往。因此，在重庆交通学院的规划方案中，将各个建筑组团，组织成独立的组团园林；用步行道把各个组团连接起来，使各个教学组团之间、学生生活组团与教学组团之间能够便捷联系。在中心区，利用中央共享园林，使核心教学区与学生生活区之间拥有充分的对话和交往机会；使其既有明确的功能分区，又有教学与生活的紧密联系，教学与生活并重，学生能方便来往于两区，又能享受途中的生态景观。

（3）元素的介入方式

在重庆交通学院的规划设计中，遵循规划的宗旨和重庆的气候特色，在校园整体形象和谐统一的前提下，强调各单体的个性化设计，着力营造标志性建筑群体。山地校园建筑的有机性，表现为山地校园建筑对环境因素的解读，这是原生态理念在校园建筑上的具体表现。校园建筑群体布局，可以采用集中与适当分散相结合的方式，以与山体良好契合为原则。重庆交通学院规划设计中，将建筑群体的主要生态廊道向周边拓展，既有集中有序的理性空间，又有依附山体建设的学院建筑组团，尊重原有山地环境。设计中着重体现"玉带连绵，山水一色"的理念。首先，利用原有地表径流和山体，形成建筑群体的立体景观。整体大环境布局采用以原生的自然环境为主，"簇群式"的建筑群体融于其中的方式，达到建筑与环境的最大融合。山川连绵、绿树繁茂的景观，构成基地环境的核心。其次，建筑组团之间夹有广场和景观廊，形成良好的绿化带，并将山上的绿化景观渗透到各个建筑组团之中。第三，建筑屋顶采用多层

次绿色植被，延续基地后部山体绿化的生态肌理，使得整个中心区域显得生机勃勃。

3. 城市肌理的延续

大学聚落是城市中一类特殊人群聚居的区域，在其设计中，对于城市文化脉络的体现与升华，是需要重点考虑的问题。下面以长江大学规划设计为例加以说明。

（1）在空间结构上延续

为了实现新、老校区在空间上的延续，在设计时需要对它们进行统一整体的考虑。例如，在长江大学规划设计中，由于所在地荆州市的文化历史悠久，需要充分延续其历史脉络。该地区曾经是春秋战国时期楚国的政治文化兴盛之地，附近的古都纪南城遗址，建于楚惠王中后期，是楚国全盛时期的国都"郢都"。"郢都"规模宏大，布局合理，其文化、思想、城市布局、建筑型制都有着比较鲜明的特点，是我国目前保存最大的古都遗址之一。对其总体布局进行分析研究，延续它的脉络，用于校园的总体规划体系之中，对于我们在设计之中体现"尊重城市文脉"的理念，很有意义。①

新校区的规划结构中通过"一轴、一核、多心"的规划理念，延续城市脉络与肌理（图 4 - 11、图 4 - 12）。"一轴"为上下贯通的学术发展轴，连接学校南北两大区域，向两边延伸，将学校统一成一个整体。"一核"指以"公共教学、信息中心组团楼群"为主的中央生态核。东校区南部高达十几层的公共教学大楼，是原有学校的核心，也是老校区的制高点，设计中延续了它的核心理念，围绕它向南扩展成为"公共教学、信息中心组团楼群"，将其看作是一个集教学、办公、信息查询的建筑组团。新的组团及广场空间将成为新老校区联合过渡的核心，也是校园生态景观的核心"亮点"。项目在此引入"曲水流觞"，贯穿于核心建筑组团之间，学生老师课余时通过宽阔的桥梁踏水而上，使得"溪水连绵、绿树繁茂"的景观视角成为校区环境的核心。"多心"指在校园空间组织上，将若干建筑组团沿着学校"一轴、一核"加以组织，形成"簇群式"的发展。

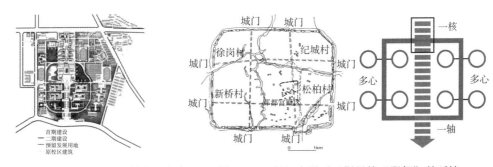

图 4 - 11 长江大学预留用地的发展方向　　图 4 - 12 长江大学对于荆州楚"郢都"的延续

①窦建奇，王扬. 山地大学校园规划的原生态设计理念——重庆交通学院校园规划设计实践分析 [J]. 规划师，2006，22（12）：42 - 44.

（2）新老校区在功能分区上的延续

在功能分区上，需要将新老校区结合起来考虑。原有校区经过几十年的发展，其功能布局已经形成一定的固定形式。这些布局形式，对于新区建设是可以合理利用的。但是有一些部分，对于新建区域矛盾较大，需要适当地加以处理。例如，在长江大学的功能布局之中，整个校园的设计是以新、老校区的有机整合为依据的。将校区基地看作城市中的一个片断，在实现新、老校区的功能延续问题上，取得了良好的效果。

（3）轴线的延续

延续轴线，可以忽略新老校区间建筑体量的差异、建筑规模的大小，其着眼点在于开放空间的形态和空间的序列。延续轴线的方式有多种：其一是以建筑等实体为轴，轴线穿越建筑本身；其二是以开放空间——包括广场、庭院等为轴；其三是综合前两种方式，开放空间与建筑实体相结合。

4. 动态延续

由于大学聚落环境的复杂性，在总体规划中，对土地使用要保留一定的弹性，以适应大学聚落不断变化的发展要求，即动态延续特征。例如，在重庆交通学院的设计中，充分尊重了学院的发展要求，在总平面规划时，预留了相当大的发展用地，以满足其持续稳定发展的需求。预留用地主要包括三大部分，分别是学院预留发展组团、科技园区预留发展组团和学生宿舍群预留发展组团，基本上能满足 2020 年在校学生人数达 22200 人的发展要求。由若干个单元组成的各个组团集中紧凑，空间、功能相对完整，留有空地；再加上各组团之间以大片绿地相隔，没有用尽现有土地资源，这样各功能区均有充足的预留发展用地。

4.5.3 大学聚落的跨越式发展

在地方政府和市场推动下，1999 年高校扩招以后，许多大学除了在原有校区进行更新和改扩建以外，更有相当部分的大学另行择地，进行新校区的建设，同时也出现了一些新兴学校（包括民办高校）的校园建设。这些新校区，一般位于土地资源较为丰富的城市郊区，距离城市中心区及原校区较远。更有甚者，在异地开办分校，是一种跨越式发展模式。[1][2]

1. 大学聚落的跨越式发展分为以下几种类型

（1）大学在扩张过程中异地建分校（包括科技园区），此类型最为常见。甚至出现一所大学同时在多处扩建分校的例子。

（2）大学利用老校区进行土地置换，重新建立新校区。此类型由于涉及土地市场和城市规划编制的复杂操作，并不普遍，并且多数大学仍旧倾向于保留位于旧城区的校园。

①李奇. 探索高校校园规划发展趋势——复合型校园规划理论与实践［D］. 天津：天津大学，2004.
②林师弘. 大学新建校园的持续生长研究［D］. 广州：华南理工大学，2003.

（3）不同的大学，对于新建校园的功能也有不同的定位：①利用新建校园安排低年级学生的教学和住宿，学生在该校区内进行低年级的基础教育，而专业教育则仍旧回到老校区进行。②利用新建校园作为研究生院，该研究生院具有科研性、自主性更强的研究生教学功能。③利用新建校园设置部分院系，也有一部分大学的新建校区成为学校的独立二级学院。④利用新建校园，仅供研究与开发使用，建成较为独立的科技产业园区。

以上各种安排，都是大学在全校范围内统筹教育资源、权衡利弊关系之后的结果。客观上说，跨越式发展极大地缓解了大学对于空间的紧迫需求，但与此同时，大学的形态和结构呈现出新的面貌。

2．大学聚落具有过程性的规划思路

短期内大量建设，是当前新校园发展的普遍状况。不过，大学聚落的发展是一个长期的过程，如何在较长的时间内，创造出宜人而又富有活力的校园空间形态，必须引入"动态规划和弹性生长"的策略。①②

动态规划，其核心是建立一种"目标体系、界定问题、方案选择、实施反馈"的决策程序。动态规划认为，规划主体系统内的"量"，是随着时间和空间阶段的变化而变化的，在每个阶段（阶段可以是以时间、空间或其他因素，人为地或自然地划分），系统都处在若干可能的状态。由此，可建立一个由各个阶段的"决策变量序列"所构成的目标决策函数。动态规划的最优化模型（optimal model），就是使规划主体的建设达到最理想的状态，使方案能够获得最好的社会、经济与环境效益。

动态规划系统内，存在着一种反馈机制。也就是说，将规划工作看作是一项不断进行、不断反馈的连续工作，形成"规划只是一个过程"的概念。这与单向封闭的静态规划相比，是根本性的进步。在动态规划过程中，从不把规划主体固定在一个终点上，不受困于一时一地的价值判断，规划不为其框定最终目标。在确定的延续发展期间，将其分为若干个时间阶段，以阶段为间隔期，根据执行情况和外部环境方面的变化，调整或修改后续发展规划，这样就使规划方案总是处于不断的修正和补充之中。例如，美国著名的"俄勒冈校园动态规划"就是一个很好的例子，它在"动态规划"过程中，不断接收来自社区成员的反馈，并根据这些意见，在后续规划过程中加以修正，形成较为理想的校园社区形态。它用简单的细节、大量的例子来展示如何实现多个动态规划的原则，即有机秩序、参与、分片式发展模式、诊断和协调。

3．认识到大学聚落内部功能的复合化现象

在大学聚落的规划设计中，教学区、生活区、运动区等传统功能分区逐渐发生新的变化，出现了新的功能形式，以及以校园空间序列来区分的分区模式，这些变化是大学聚落功能分区复杂化、规模扩展的必然结果。例如，在校园中心区，往往体现功

---

①C. 亚历山大，等. 俄勒冈试验 [M]. 北京：知识产权出版社，2002：100 – 103.

②徐有钢. 基于社区理念的校园空间环境设计探讨 [D]. 南京：南京工业大学，2005.

能的高度复合，包括大学图书馆、公共教学楼、办公楼等标志性建筑、核心广场或绿化景观等，它们与公共空间相结合，并在空间形式上有意识地进行强化，以增强认同。

再比如，校园科技产业区的出现，也是校园功能复合化的体现。

此外，教学区、生活区、运动区之间的关系也走向复合化、多样化。以教学区为例，教学区与生活区的复合关系就比较明显。特别是对于规模较大的大学聚落而言，这种特征尤为明显。这是因为，在大尺度的校园内，如果依然按照传统设计手法，不顾尺度概念强行对校园进行分区，必然造成分区与分区之间的隔离和冷漠，人流在短时间内往返和拥挤，出现白天生活区的消沉和夜晚教学区的荒凉。复合分区方式，将有效解决上述矛盾，既保留相同功能内部的密切关系，又保证不同功能之间的有效交流。在设计中，核心放射型复合功能分区，以校园绿化中心或标志性建筑为核心，教育建筑组团围绕核心呈放射线分布，生活区组团在外围围绕布置形成类似同心圆结构方式。一方面教学区建筑布置比较紧密，另一方面学生生活区与教学建筑之间距离较短，通行较便捷。

4.5.4 大学城——超大规模的大学聚落

1. 国内当前大学城的特点

（1）产、学、研三位一体

当今时代，知识经济、信息技术高度发展，高新技术产业常与高等教育、科研机构互动共生，高新技术企业与大学有着广泛的联系与互动。高新技术产业既接近市场，又贴近科研，两者的结合能促使科研成果迅速转化为生产力。大学城最重要的特点，就是把握上述特征，将产、学、研有机结合，形成互助互利的共生机制。[①]

（2）开放化、集约化、社会化

开放化是大学城永恒的魅力，向社会开放并融入所在的社区，服务社会并接受社会化的服务。虽然大学城是科学技术及其产业集约发展的核心，却仍然是吸引大量普通劳动力的场所，大学城集约发展的优势地位，是大学城繁荣的根本，大学城走向社会化，其产生的社会效益，同样是支持大学城健康发展的动力之一。

（3）产业化、市场化、国际化

大学城科技与产业的结合、大学城科研开发与市场取向的结合、大学城与国际的接轨，是其发展的重要方向。人才密集、知识密集、技术密集、产学研一体化的大学城的特点，可这样来概括：自然与人文交融、科技与产业荟萃，面向市场、面向国际。从北京中关村科技园、南京珠江路科技区、武汉光谷科技园区等可以看出，大学与周边高科技园区是遥相呼应的关系，对于推动城市产业发展具有很大的作用。

2. 大学城面临的问题

（1）大学城不是"1＋1＝2"式的大学集合

[①]孙世界. 信息化城市［M］. 天津：天津大学出版社，2007.

就目前国内的大学城建设来看，大学城中各大学之间在地域上有严格的区位划分，在管理上各自为政，在学科建设上自成体系，显现出简单聚集的特点。大学城并不是几所大学的简单集合与拼接。首先，大学城要以吸引大学、科研机构入驻，形成规模效应为第一要素；其次，大学城内各学校、科研院所之间应真正做到优势互补、强强联合，并在公共设施、人力资源以及教学功能等方面实现大范围的融合和共享；再次，各大学、科研院所之间，应奉行集中与分散相结合的整合原则——总体上联合办学、统筹管理，避免各自为政和重复建设，以实现资源的最大化利用。

（2）大学城不等于高教园区

大学城有自身的特色，它不同于简单的高教园区。大学城内部的教学、科研需要结合城市的发展统筹安排，从大学城发展的长远考虑，大学与高新技术产业结合是大学城发展的最终出路。①

（3）大学城的管理问题

在现有教育体制下，各高校各自为政，学科也有一定的重复设置。各高校与科研院所可能出于保护自身利益的目的，不一定会主动合作调整，从而给工作协调带来一定困难。作为新建的大学城，肯定不能重复原来封闭和缺少竞争的“后勤模式”，应通过市场机制来筹措社会资金，引入社会企业投资建设并经营，而且在建设完成后，其后勤服务也要实行完全的社会化和市场化运作。后勤社会化是新建园区的一个优势所在，这样无疑会减轻学校的压力，同时也促进园区内服务体系的建立。

（4）大学城内部各高校新校区，对原校区延续关系的缺失

新建大学城是若干大学新校园的集聚。这些校园在设计过程中，如何与原有校园之间形成文化脉络上的延续，是十分值得重视的问题。不过，由于建设时间过短，大学城的建设，在文化的延续上遇到很多问题，如大学城的选址不当、新建校区文化氛围的缺乏、老校区文化脉络延续的不足等。

（5）校园建设时对基地及周边自然环境的关注

目前，我国许多大学都正在向城市郊区迁移，建设独立的新校区。此类新建的校园，往往规划建设在城郊自然环境较好的地带，故地形、地貌和植被等情况与城市中用地有很大差别，在规划设计时，特别要注意对自然环境的保护。

（6）大学城建设需防“过热”

有关部门为了争取在当前高校新、扩建浪潮中的办学资源，大学城遍地开花，区域资源配置和布局不当。②

---

① 在大学城发展之初，就应该建立基础教学、科研、高科技产业的联动机制，大学的基础高等教育为科研开发提供充足的人才储备和技术储备，研究与高新技术产业的接轨推动科技知识的市场转化，高科技产业的发展又为大学城的发展以及区域经济的提升，提供强有力的支撑，从而形成滚动发展的良性循环。

② 大学城发展的“过热”现象，引起了学术界的关注与担忧。据不完全统计，在“科教兴市”目标的引导下，国内有已建或待建的大学城50多个，这其中多数可谓城市发展的明智选择，而有一些也不免有一哄而上的盲动之嫌。

比较中西方大学城的发展可以看出，国内大学城的形成，是国家高等教育快速发展、高校扩招这一特定历史时期的产物。它往往由政府、企业以及各高校等集中投资，快速兴建，可以说是一种自上而下的"主动构建"方式，如广州大学城（图4-13）、松江大学城、重庆大学城、廊坊大学城等。相应地，国外的大学城区，不论是相对集中的高科技教学区，或是大学城市化的城镇，一般都是长时间"自然形成"的。

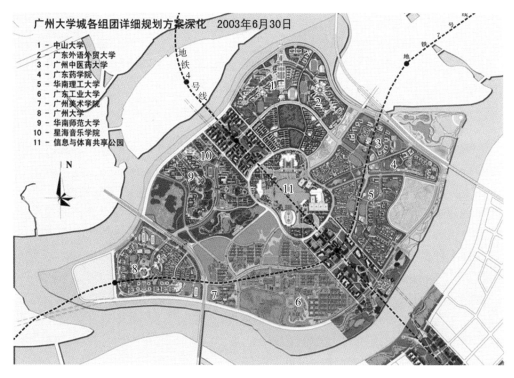

图4-13　广州大学城平面图

（来源：华南理工大学建筑设计研究院）

近几年，科教兴国的战略已被提到一个前所未有的高度，伴随着教育制度的改革和社会对教育的日益重视，兴建"大学城"成为目前的热点现象。据不完全统计，世纪之交，全国正在兴建或规划中的大学城共有50多个，几乎都具有相当大的规模。由于大学城的建设规模过于庞大，建设周期又相对较短，因此，势必要求多家设计单位来共同完成设计。这样做的好处，是可以将一块"大蛋糕"迅速分而食之；不利之处，就是难免造成大学城风格的庞杂多样，难以产生统一、整体的效果。此外，大学城的外围，尤其是与之紧密相接的街区功能设置，也会影响大学城的品质和内涵。总之，当这一新的城市化现象到来之际，需要谨防发展"过热"，亟待一个新的理论体系和框架来引导其与城市空间发展的共生、共荣。

4.6 整体的协调性模式

4.6.1 大学聚落设计模式一：整体规划模式

1. 大学聚落多元功能整合（见表4-7）

表4-7 大学聚落设计模式——多元功能整合模式列表

分类	一级模式	二级模式
一、教学环境	1. 空间特征	（1）空间集中化模式
		（2）空间通用化模式
		（3）空间结构多层次模式
		（4）组团化、网络化模式
	2. 教学中心区模式	（1）巨型广场中心模式——以巨型广场作为主要的交往场所
		（2）生态中心模式——将自然景观合理地利用于中心广场
		（3）礼仪性广场模式——以礼仪性的空间作为主导
		（4）步行轴模式——以核心步行区域构建校园中心空间
		（5）小尺度空间模式——亲切的小尺度中心空间
		（6）网格化中心模式——网格化的中心
		（7）巨构化中心模式——以巨构的建筑空间组织中心
		（8）综合模式
	3. 功能复合	校园尺度过大、聚落环境过于复杂、功能出现复合交叉
二、生活环境	1. 生活区公共空间多元模式	（1）公共空间多元
		（2）公共空间有序
	2. 层级模式	生活区—生活组团—社区单元
	3. 适应性模式	（1）适应学生心理认知度
		（2）针对不同规模的校园，生活区需要适度分区
三、研究环境	1. 层级模式：校内科技区—校园边缘科技区—独立的高科技中心	
	2. 孵化模式：小空间作坊—中心产业空间—大的集团产业空间	
	3. 多层交往模式：交往空间的层级化	
	4. 多元、创新模式：跨区、跨省科技园；信息园	

2. 大学聚落交通体系整合（见表4-8）

表4-8   大学聚落设计模式——校园交通体系整合模式列表

分类		模式
一、步行体系	1. 线性模式	线性步行道路系统在大学校园中是最常见、占的比重也是相对较大的一种步行道路系统，是校园步行系统组织中最为常见的一种步行组织体系
	2. 步行区域	步行区域是指大学校园内的某一个或几个分区，乃至整个校园的区域采用步行交通的模式
二、交通组织	1. 环形模式	环形道路网，是通过一条环形闭合的机动车干道，来连接大学校园的各个部分。"环形道路网"对校园起到了"机动车交通屏蔽"的作用，从而有利于营造较为安全、安静的校园环境
	2. 网格模式	网格道路系统，是通过棋盘方格网状的道路结构，来组织整个校园空间结构及其交通
	3. 枝状模式	树枝状路网就是像树枝一样，这种路网道路的优点是，分级清晰、交通疏导简洁明了、可识别性强，缺点是易形成较多的断头路、交通末梢
	4. 综合模式	复杂的因素，往往综合运用各种路网体系，形成综合型路网。综合型路网在国内外大学校园的道路系统组织中均较为常见

3. 大学聚落立体景观整合（见表4-9）

表4-9   大学聚落设计模式——校园立体景观整合模式列表

分类	一级模式	二级模式
一、景观体系	1. 横向模式	（1）生态公园
		（2）绿块
		（3）廊道
		（4）斑块
	2. 纵向模式	（1）地下
		（2）地上
		（3）空中
		（4）屋顶

分类	一级模式	二级模式
二、景观复杂关系	1. 层级关系	（1）第一层级：校园中往往形成以活体水面为主的生态岛 （2）第二层级：往往在教学中心区，或是中央广场采用理性规整的处理手法，形成传统校园中的仪式性空间 （3）第三层级：建筑群体形成的庭院，营造尽可能接近人尺度的空间和交往的场所 （4）第四层级：园林空间，建筑内部的园，如中庭、天井、空中花园等
	2. 并列关系	在校园的景观组织之中会形成若干平行要素，如形成若干生态轴，它们之间是平行的关系。
	3. 链接关系	校园景观模式的各要素之间，存在链接式的咬合关系
三、空间构成	1. 集中空间	中央生态核
	2. 线型空间	生态带
	3. 点状空间	多个小型的生态中心

4. 适应现代教育理念的聚合模式

从大学诞生的那一天起，其空间结构的演化与大学的办学理念、大学的发展方式、大学自身所处的人文社会环境等复杂因素密不可分。早期大学空间较为简单、散落，功能的区分也不明确。随着教育理念的变化，大学聚落的空间也逐渐走向有序、整体、多元、复杂、开放、生态。

人类社会正从工业时代走向信息时代，社会的深刻变化必然导致高等教育理念的变化，为社会培养高素质、开放型、复合型人才，是未来大学的发展方向。因此，大学聚落设计应适应当前高等教育变革的挑战，依据现代教育理念，去规划设计与时俱进的现代大学聚落。现代教育理念倡导：①知识经济时代，使教育内涵由传统的教师对学生的单向灌输，向以学生为主体，开放的、以人的发展和素质培养为中心转化。②教育面向现代化、面向世界、面向未来，教育制度迈向多元自主，教育民主化、终身化、多元化，已成为21世纪高等教育的发展方向。③强调"环境育人"的观念，特别是大学聚落内部人与人之间交往空间的营造。现代教育内涵要求加强交往空间，甚至提出要以开放空间为核心的建筑设计，为师生提供多层次、多导向的空间形式，其具体内容包括建筑外部的开敞空间和建筑内部的驻留空间。

5. "1+1=2"，还是"1+1＞2"？

从大学聚落的整体聚合到有序发展，再到精明增长，就是要强调实现大学聚落的结构调整的次序，并强调大学聚落"物质与人文同构"。世界现象是复杂多样的，也是普遍联系的。同构是事物联系的普遍性原理，任何事物都可以转换成为事物间联系的同构，因为同构现象具有普遍性。例如，美国加州大学伯克利分校，就对大学的人文情怀十分关注，在其环境设计过程中，对于那些最受欢迎的"物质与人文同构"的场所，进行了严格的分析统计，如图 4 - 14 所示。图中带有纹理的圆圈，根据大量的数据统计，深色一点的圆圈表示"受大多数人喜欢的空间"，浅色一点的表示"少数人喜欢的空间"。

要实现大学聚落"物质与人文同构"，必须有系统的思维方式，要在设计中实现"1 + 1 > 2"的系统效应。面对大学聚落这一复杂系统，可以用系统的方式提炼一种设计模式，这种模式在层级性的系统体系下，可以继续划分为若干子层级的设计模式；这些子层级共同形成一个合力，构建当今时代大学聚落规划设计模

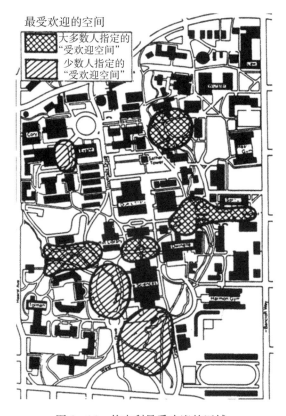

图 4 - 14　伯克利最受欢迎的区域

（来源：［美］克莱尔·库珀·马库斯. 人性场所——城市开放空间导则［M］. 北京：中国建筑工业出版社，2001.）

式（见表 4 - 7～表 4 - 9）。从系统的角度看待大学聚落设计问题时，主要涉及以下三个方面。

（1）从空间的角度上，看待大学聚落的空间形态，以及包括影响其形态发展的若干因素。由于涉及的问题纷繁复杂，所以要用整体的观念来对待，将它看作是一个"系统工程"。用系统化设计模式，来诠释大学聚落规划设计的"整体观"。

（2）从时间的角度上，看待大学聚落的动态发展。基于系统自然观的理论，大学聚落设计问题，可以看作是一个复杂的巨系统。而这个巨系统是一个动态稳定的体系，它将是一个经历"混沌—自组织—稳态—波动—混沌"的波动发展过程。整个波动的过程，就是大学聚落的动态化设计过程。我们知道，规划本身，是比较注重"过程性"，强调规划是一个动态设计的过程。

（3）对于大学聚落规划设计，不仅要考察它的空间形态和动态发展，还需要探寻背后的深层次因素，也就是由"城市空间形态到其背后的技术、观念、体制等社会深层的问题，再到城市空间形态的回归"。

大学聚落规划设计是一种开放的体系，是容纳各个学科的总体设计的概念，是一种"融贯学科"的概念。

4.6.2 大学聚落设计模式二：有序发展模式

校园建设是百年大计，校园规划设计不仅需要考虑现实的要求，同时还要兼顾未来的发展。从系统学的角度上来看，校园规划设计本身就具有自我完善、自我调整的自组织特性。校园规划是动态发展的，动态化设计模式是我们提出的第二种设计模式。它包括以下几层含义：首先，校园规划设计所形成的校园规划结构，是一种可生长性结构，便于校园空间的未来发展；其次，校园空间结构还应该是一种弹性的结构，不要处处"塞满"，违背校园弹性生长的机制；第三，校园动态发展需要形成自己的机制、自己的发展导则，为未来的自我发展提供可控性。比如，大学可以建立系统的规划调整机制，定期评估现有规划方案，促使大学聚落健康发展。表4-10为有序发展模式列表。

表4-10 大学聚落设计模式——有序发展模式列表

分类	一级模式	二级模式
一、老校区更新	1. 保护模式	（1）空间结构保护
		（2）边界保护
		（3）历史建筑保护
		（4）特色建筑保护
		（5）内部道路结构的保护
		（6）生态环境的保护
	2. 重整模式	（1）校园空间的整体优化设计
		（2）校园功能、性质的调整
		（3）空间的整合
		（4）建筑的维护、更新与新建
		（5）校园景观的优化
		（6）建立人性化交通
二、老校区扩建	1. 传统与个性延续模式，延续校园的个性	
	2. 景观延续模式，景观的连续融合	
	3. 肌理延续模式，肌理的统一与协调	
	4. 动态延续模式，动态的可扩张性	
三、新校区	1. 整体性模式	
	2. 规划的过程性模式	
	3. 多方参与的理想化模式	

续表

分类	一级模式	二级模式
四、大学城镇	1. 城市区位优化模式（空间选址发展，产业发展，交通区位）	
	2. 空间建构组合模式（城—组团—校区）	
	3. 资源共享互动模式（组团生长，TOD 模式，网络功能交织）	
	4. 现代组织管理模式（政府统筹，大学主体运行，社会各界共同参与）	
	5. 可持续发展建设模式（持续性）	

4.6.3 大学聚落设计模式三：校园文化环境开放增长模式

1. 大学聚落内部文化环境的层级（图 4－15）

（1）器具层面

所谓器具层面的文化，是表层的文化，是物化的文化环境。它包括教学、科研、管理、服务、学习、课外活动等方面，具体是指大学师生作为一个相对独立的文化精英群体而存在，他们在精神领域、行为举止等方面具有优越性。其主要特征表现为：崇尚创造性和个性风格，追求思想独立，伦理的严肃性与艺术的完美性。他们是优秀文化的捍卫者与先进文化的传播者。

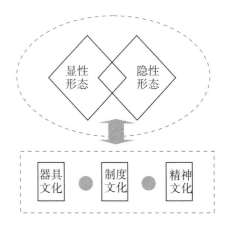

图 4－15　大学聚落内部软环境关系分析

（2）制度层面

制度环境是一种规范和习俗文化，反映大学的文化准则，包括各种规章制度、行为规范、习俗礼仪、校风学风，是一种强制性力量，体现制度对大学师生行为的约束和监督。首先，它表现为校园的生活与管理应有一定的秩序，而不是杂乱无章、自由散漫；其次，人们的思想活跃而不呆板，管理灵活而不僵化，活力来自自由、民主、创新的氛围；同时体现着开放、交流、共荣等时代特征。

（3）精神层面

精神环境是校园人文环境的深层内核，其核心就是"大学精神"。它主要包括学校历史传统、精神氛围、理想追求、办学理念、人文气象等。所以，精神文化是学校最有凝聚力、向心力与生命力的部分，是学校最具特色的标志。精神文化的本质内涵可概括成一个"真"字，即追求真理，大学的本质功能就是传承、发展真理。如北京大学的"民主与科学"，清华大学的"厚德载物，自强不息"，其核心都是一个"真"字，这对大学师生终生做人、做事，对国家的兴旺发达，都有深刻的影响。

2. 大学聚落文化环境形成

（1）显性形态

显性形态，是指校园环境构成要素（固定和非固定元素）的功能、技术、形式、色彩、结构、细部、群体组合等方面。这些表层形态富有时代性，相对活跃，发展快；它们具有符号性特征，可以从外部加以把握，是引发人们审美体验的先导。

（2）隐性形态

隐性形态，指的是蕴含在显性形态背后的时代、民族、地域的特征。它主要包括高等教育的理念和发展，学校的办学理念、学科特色、管理方式、学风校风、历史传统，师生的生活方式、理想追求、审美情趣、精神风貌等。隐性形态富有民族性和地域性，相对稳定，变化较慢。它们留存于校园环境中，融于师生的生活中，对校园环境的建设，对师生的行为，有着无形的巨大影响，是校园环境的灵魂。因此，隐性形态对师生影响最大。

3. 空间的整体性文化特征塑造（表4-11）

表4-11　空间的整体性文化特征塑造

1. 大学聚落内部空间格局	校园空间格局上的规律性，如节奏、韵律、结构、序列等。它们直接构成了人们在校园中行走时，所能感知到的各种空间感受，如开畅或闭合、重复或变化、稀疏或密集、明朗或幽暗、动态或静止等，从而使人们产生愉悦或紧张、松弛或压迫等不同的感受，直接影响人们对校园环境的心理认知，对大学的价值判断
2. 大学聚落内部空间序列	校园空间序列中，层次丰富。丰富的空间层次能加强师生对校园空间的理解和应用。要求在校园空间中，空间核—宜人、零散的空间—多层级交往空间—组团内外部空间—建筑灰空间—室内空间形成完整的序列，并且是相互联系的
3. 大学聚落内历史文脉延续	不同时代的校园环境要素的文脉组合，达到"历时性"与"共时性"的统一，既有延续，又有创新。通常可以采用在空间模式、建筑体量、色彩、比例等方面，有选择性地保持同一性，而在其他方面进行与时代相契合的创造

4. 大学聚落整体文化环境的互动增长模式

处于当今复杂多变的社会里，大学规划设计理论应该是开放性的理论体系。大学规划设计模式相当程度地受到社会变迁的影响，诸如政治体制、经济体制、社会文化观念、技术观念、城市发展模式等多种因素的影响。其目的就是要建设符合我们社会需求的好的校园环境。正如凯文·林奇和加里·海克所著《总体设计》一书所指出的："总体设计不论技术注释如何复杂，总是超乎一门的实用艺术。它的目标是道德和美学方面的：要造就场所以美化日常生活——使居民感到自由自在，赋予他们对身居其中的天地一种领域感。"事实上，从理论意义上，开放性设计模式，是将大学聚落规划设计作为一个开放的体系来看待。

此外，大学聚落的文化环境可以分为三个层级：第一层级是"校园器具文化"；第二层级是"校园制度文化"；第三层级是"校园精神文化"。而这些又可以看作是文化环境的线性模式，即看得见的物质环境；以及隐性模式，即具有某种精神层面的文化理念，二者是网络交织的关系（图4-16）。

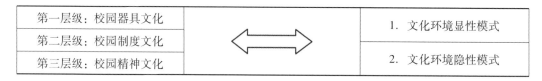

第一层级：校园器具文化		1. 文化环境显性模式
第二层级：校园制度文化		
第三层级：校园精神文化		2. 文化环境隐性模式

图4-16 校园文化环境的互动生长模式

4.6.4 基于校区规划层面的大学聚落设计提炼

本章从校区规划层面出发来思考问题。考虑到大学聚落是一个系统的聚居体系，所以本章强调"整体性的规划设计策略"，突出"大学聚落"的系统整合效应。

在整体聚合层面，认识传统的三大体系，即功能体系、交通体系、景观体系，在新时代的发展和变化。

在有序发展层面，进一步分析大学聚落在不同发展过程中的有序的发展思路。也就是说，首先，对于老的校区保护，需要充分尊重原有校区的结构、个性文化，突出"重整与保护"并重；其次，对于老校区的扩建，要强调拓展与延续，特别在校园传统、景观、肌理、文脉等方面突出延续的理念；第三，对于新建校区以及大学城，需要采用一种跨越式发展思路，认识其发展的阵发性、复杂性与过程性。

在系统观念下，大学聚落设计要实现"1+1>2"的系统效应。大学聚落作为一个复杂系统，要通过"整体性"的设计理念，实现"系统整体大于部分之和"的效应。

最后需要强调的是，大学聚落设计模式是适应我国现实的国情，适应高等教育理念变革的规划设计方法。

5 基于建筑层面的大学聚落设计

5.1 建筑层面的关注焦点

5.1.1 场所型空间

世纪之交的大学建设，是一种运动式、爆发式的短期过程，往往表现为强调政府政绩、强调大学作为城市名片、强调硬性的秩序、强调硬性的分区等。有专家指出，这些观念是"一种相当形式化的东西"，忽视了大学的"实质"。大学的发展毕竟是"百年大计"。面对许多成熟的经验，以及不可避免的缺陷，我们不禁要冷静地思考一下，大学追求的到底是什么？大学需要怎样的环境？大学的场所精神是什么？

正如前面章节中反复提到过的，大学聚落的建设就是要营建一个好的场所，一个丰富多样的聚落，一个富有文化凝聚力的综合环境。具体来说，大学聚落是一个有归宿感、认同感、巨大吸引力的"磁性容器"（图5-1），它吸引广大师生聚集在此地，并在里面自由地交往；同时它拥有优美的、人文底蕴深厚的校园环境。在这种环境中，能够使得人的心灵得以净化、学识得以积累、素养得以提升。这种拥有巨大吸引力的"磁性容器"，包含一个精神内核（即图5-1中的"磁体"），使得大学聚落成为一个引人入胜、活力四射的场所。

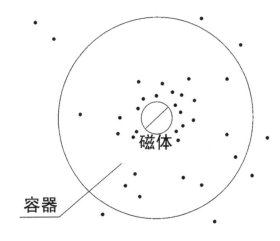

图5-1　有归宿感、认同感、巨大吸引力的磁体与容器

因此，在大学聚落的建筑层面，就是要营造一种吸引人的"场所型空间"，一种符合人的行为心理，具体来说就是符合师生的行为心理[1]的聚落型空间。路易斯·康说：

---

① 李蕾. 现代建筑聚落空间的情境化研究［D］. 哈尔滨：哈尔滨工业大学，2000.

"一个人坐在树下与一群人讨论他对事物的理解，他并不明白他是个教师，他们也不明白自己是学生。学生们在思想交流中做出反应，明白这个人的出现有多好。他们请求让他们的孩子也来听这个人讲话。很快空间形成了，这就是最初的学校……"① 他所反映的思想在于：原始的教育场所，与其说是具体确定的物质空间，不如说是关于人的教育、交流的行为活动的场地。这正是我们需要传承的东西。《现代建筑聚落空间的情境化研究》一文中也指出："对于空间的传承，并不是传统的空间形式，或者某种过时的功能。因为随着时间的推移，其空间职能早已经发生改变。我们所要追求的，是它遗留下来的共同财富，某种历史的印记，换句话说，对于原始聚落的研究，并不是机械地传承它的空间形式，而是某种场所精神和内在秩序。"综上所述，大学聚落在建筑层面强调：①大学聚落是有归宿感、认同感的"磁性"容器，它具有某种吸引力，吸引师生员工在里面自由地交往；②大学聚落应拥有优美的环境，使它能够净化人的心灵、提升人的素养；③大学聚落拥有一个精神内核，这种精神内核具有"磁石"一般的效应，吸引人们向这里汇集，使得大学成为一个有活力的场所。

要达到以上状况，需要建筑师做出很大的努力。在当今时代背景下，这实际上就是依靠现代教育理念的大学精神，来营造最符合师生情感需求的"育人环境"。目前，大学的校园建设，其"井喷式"的发展势头开始减缓，它的发展方向将从注重"量"的增加，转向注重"质"的提高。我们注意到，大学深厚的底蕴，往往是经过长时间积累而形成的。时间的积累，使之成为一种丰富的聚落形态，这种聚落和城市有着千丝万缕的联系，与城市是血脉相连的。相反，目前新形成的大学聚落，是短期、快速建成的聚居、工作和学习的环境，一时间难以与周边城市社区，形成共生共荣的状态。因此，未来需要进一步加强这类新建大学聚落的建设，使它们成为环境优美、文化厚重、学风浓郁、富有吸引力的人文场所。

5.1.2 符合大学社群的行为需求

1. 大学聚落社群对环境的感知方式

根据心理学的相关研究，人对于外部环境的感知方式，分为几个层面，即对外界环境的静态感知、对外界环境的动态感知，以及对外界环境的逻辑感知。② 静态感知是人对环境的直观体验；动态感知是人在环境中运动的体验；而对环境的体验所产生的推理与联想，就属于逻辑感知了。在对环境的感知中，三种感知方式互相交织，相辅相成。

（1）人对于外界环境的静态感知主要处于三维的世界，可以感知外界物体的大小、形状、远近、色彩、软硬等。例如通过距离，可以感知远近物体清晰度的不同；又例如色彩感觉不仅受物体大小、形状、远近、环境等影响，还受到人的心理影响，如情绪、情感、联想、象征含义等的影响。这里特别强调视觉感知在里面的作用。据研究，

---

①孙磊磊. 高校交往空间模式研究 [D]. 南京：东南大学，2003.

②凌莉. 构筑人性化的高校校园公共空间 [D]. 武汉：武汉大学，2005.

人对于外界的感知，80%来自于眼睛。

（2）人对外界环境的动态感知，因加入了时间的维度，而成为一种对四个维度的感知方式。比如，人在走动中，对于外界环境的感知就是运动的，这样对于建筑空间，就形成了一种序列的感应。人从一点移到另一点的过程，就可以感应建筑空间序列的韵律感。一个连续的空间，或是一个连续的街道，再或者是一个校园建筑组群中连续的轴线，对于它们的感知，只有在不断的动态变换中，才能很好地感知它们的序列关系，例如日本神奈川青山学院的连续空间（图5-2）、广岛西条学院的设计就是这样的例子（图5-3）。

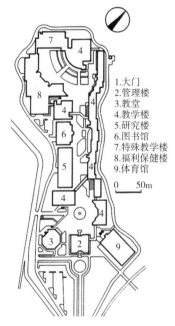

1.大门
2.管理楼
3.教堂
4.教学楼
5.研究楼
6.图书馆
7.特殊教学楼
8.福利保健楼
9.体育馆

0   50m

图5-2 神奈川青山学院厚木校园建筑群中序列　　图5-3 日本广岛西条学院结合水系的序列关系
（来源：建筑设计资料集编委会. 建筑设计资料集3［M］.　　　　（来源：华南理工大学建筑设计研究院）
北京：中国建筑工业出版社，1994）

（3）逻辑感知，是人与环境产生互动的关系。对环境的逻辑感知，是一种理性思维的过程，通过这一过程才能做出对环境的主观认知和主观评价，从而进一步总结出符合人喜好的环境特征。逻辑感知分为推理和联想两部分，对于感知的结果，可以采取演绎或归纳的方式，形成一定的认知，得到一定的结论。所以，逻辑感知是空间环境感知过程中的重要一环。

2. 大学聚落社群不同的需求层次

挪威建筑理论家诺伯格·舒尔茨（Christian Norberg Schulz）所著的《西方建筑的意义》一书中，对人类的"生存场所"进行了深入的分析。他紧紧抓住"人"这个存在于"生存场所"中的唯一线索，揭示了城市空间结构、景观特征与人类生存之间的相互关系以及空间的连续性。芬兰建筑师阿尔瓦·阿尔托也指出："……现代建筑的最新课题是要用合理的方法，突破技术范畴而进入人的心理领域。"所以，对于大学聚落空间，深入理解人本身的需求层次，是十分重要的。①②

关于人的思想研究自古就有，西方科学人本主义的代表者、人本主义心理学的奠基人马斯洛（Abranam Harold Maslow）指出："整个现代科学的理论都面临着一场伟大的变革，这场革命的实质就是克服主体和客体的分裂……要求科学必须把注意力投射到对理想的、真正的人，对完美的或永恒的人的关心上来。"马斯洛在分析人性的基础上，指出的《非等级存在价值表》（图5-4），指出人对于自我价值的实现是人性所追求的最高境界。古代思想家墨子也有过类似的思想："衣必常暖，而后求丽；居必常安，而后求乐。"所以，在物质生活环境的营造过程中，需要了解人的需求层次，了解人的行为特性，尽可能地满足高层次人的心理需求。除了马斯洛之外，其他的心理学家，诸如R. 阿德雷、A. 雷顿、H. 摩瑞、P. 彼德森也提出了相关的人类需求的研究，他们的思想大同小异，都是对人的心理需求做了或粗或细的层次分析（表5-1）。

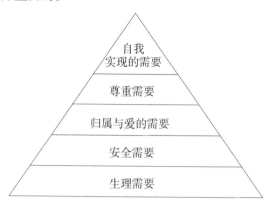

图5-4　马斯洛关于人的不同需求层次

表5-1　不同学派对于心理需求层次的论述

名称	主要观点
J. 兰（J. Lang, 1974）	认知和美的需求、自我实现的需求、尊重的需求、交往和归属的需求、安全的需求、生理的需求
R. 阿德雷	安全性、刺激性、认同感
A. 雷顿	性满足、爱的表现、敌意表现、爱的安全性、自然的表现、认知的安全、地点与环境认知、社会地位的安全与维护、归属感、生理安全感
H. 摩瑞	依赖性、尊重、支配、展示、避免伤害、教育、秩序性、拒绝、知觉、性、援助、理解
P. 彼德森	避免伤害、性、联合、教育、援助、安全、秩序、定位框架、私密性、自治、认同、展示、防御、完成、威望、同意、拒绝、尊重、自贬、玩乐、变化、理解、多义、自我实现、审美等

注：本表由笔者根据相关资料整理。

①徐奕. 高等学校交往空间及其环境设计研究 [D]. 北京：北京工业大学，2001.
②徐震. 小型聚落的人态和谐分析——以邻里层次为例 [D]. 安徽：合肥工业大学，2003.

总体来看，大学聚落中社群的心理层次，大致可以分为三个层面，即生理需求、行为需求、情感需求。

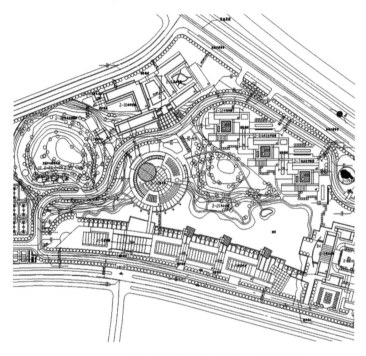

图 5 – 5 广东药学院新校区的中心交往场所
（来源：华南理工大学建筑设计研究院）

（1）生理需求。师生作为一般意义上的人，也有其基本的生理需求：吃、穿、日常生活的基本需求等都在其列。在校园设计中，有时会因为生理需求比较基本，常常被忽视。比如长时间在教学楼或图书馆学习时，常常产生饥渴需求，希望能得到一片面包或寒冬里的一杯热水，而又不想花十几、几十分钟去宿舍解决。于是可以考虑图书馆功能的复合化。又比如，学生对于环境舒适度的需求，是希望生存环境能舒适一些。一个没有污染、安静、丰富多彩的校园室外空间环境，总是我们所追求的。新校园对于舒适环境的塑造尤其需要重视，例如广东药学院新校区的中心交往场所的环境处理，就体现了舒适与干净的趋势（图 5 – 5）。

（2）行为需求，主要包括对人的交往需求。亚里士多德曾经说："一个独立生活的人，他不是野兽，就是上帝。"意思是人需要群体生活来提升自己、规范自己。"嘤其鸣矣，求其友声"。古代哲学家荀况也说过："人，力不如牛，走不如马，而牛马为用，何也？曰：人能群，彼不能群也。"反映了人的天性，就有觅求伙伴、集合群体、共同劳作、战胜困难的倾向。人相互交往的行为需求，又带来许多问题，如对于行为领域的需求，行为的公开与私密性等。交往需要得不到满足，必然产生消极孤独感。

（3）情感的需求，涉及人的精神层面，比如尊重、自尊和被人尊重的需要；或是自我实现，按照个人愿望，最大限度发挥个人能力，实现个人抱负的需要；再或是，认知和爱美，即渴望获得知识，理解事物的意义，以及爱美的需要，等等。

大学聚落的场所是供师生生活交往的场地，它要满足师生最高的情感需求。大学培养的不仅是对外开放的人才，同时也应该是向内精进的人才。《大学》中云，"大学之道，在明明德，在亲民，在止于至善，知止而后有定，定而后能静，静而后能安，安而后能虑，虑而后能得"。说的就是大学要培养能够体察自身的人才，能自我反省、建构自身伦理的人才。这在建筑层面，就需要大量富含文化的校园建筑，使得大学聚落环境具有深厚的文化底蕴和文化氛围。居住其中的广大师生员工，在这种环境中长期熏陶，潜移默化地改变自身的素质，提高自身的素养，最终实现大学聚落"环境育人"的目的。

其实，校园建筑是校园文化的主要载体之一，建筑是构成校园的主要元素，也是最为人所能直接感受的元素。由于建筑物的体量在校园中占很大的比重，而且建筑本身具有很大的可变性，在体量、造型、色彩、材料、风格等方面都可由建筑师自由发挥，因此，建筑在创造校园人文环境的各种手法中，具有最强的表现力，是展现校园文化的有力手段。

5.2　建筑聚落空间意境的物质因素

5.2.1　建筑空间的领域感

"领域性"（territoriality）这一概念，源于动物心理学，指发生在同类之间的，完全为争夺食物而产生的，与人的社会性有抵触的一面。它包括个体或一个团体对一片地带的排外性控制。在环境心理学中，人与人之间的关系并不只限于语言的交往，还包含对于空间的占有、空间的防护，它代表了社会交往的重要方式。领域空间，是一个人或一部分人所专有控制的空间。当"领域空间"被侵犯时，该空间的拥有者，将会做出相应的防卫反应。专家指出，人的领域感是一种与生俱来的本能行为，不过，该行为也受文化背景的影响。①②③

聚落空间具有很强的"领域性"，这种领域性体现在丰富的空间领域的层次上。通常所说的聚落空间结构包括：公共活动的外部空间（公共领域）、半公共空间（半公共领域）与内部空间（私人领域），三个层次的空间反映不同的领域性，并通过有机的过渡，和谐地融为一体。在这种过渡的不同范围中，相应的空间承载了不同的社会生活

①宋娟. 社区聚居空间外部环境模式的文化性［D］. 天津：天津大学，2005.
②徐震. 小型聚落的人态和谐分析——以邻里层次为例［D］. 安徽：合肥工业大学，2003.
③陈昆元. 居住区的三种环境空间模式的探讨［J］. 北京：工程建设与设计. 2006，增刊：128－131.

和文化心态。换句话说，就是不同程度的空间反映不同的心理层次，如开放的，或是私密的。这种界定为"范围"的物理空间和心理空间，就其规模和尺度而言，形成了公共领域、中间领域和个人领域三种不同的领域空间，如大学聚落的广场，就是公共的领域，又如大学聚落的宿舍，就是私密的空间。

认识到聚落空间的三个层次后，我们注意到，在新的历史时期，它们之间仍然需要找到一种"内"与"外"的平衡关系。人需要处理公共空间与私密空间的冲突，交通对城市空间的隔离，城市空间有机渗入的冲突等。但在空间构成上这类冲突总是存在。大学聚落的建筑空间，通过强调不同程度的开放性与公众性，以及内、外空间之间的疏导与中介作用，使空间的"内"与"外"产生对话，使建筑空间的生命有了依托。这种从"个人领域"延伸至"中间领域"和"城市领域"，尤其是中间领域的双边协调性，使人在"空间—场所—环境—城市"这个宏观体系中有了归属感。

领域性的另一个重要特征是空间的可识别性。只有明显的识别性，才能确定领域是否存在。在建筑设计中，那些常常出现的"一种空间的围合，或是一种共同信仰形成的活动范围，或是一种硬性的空间实体（如围合的中庭），再或是为了抵御外敌而设的壕沟、围栏形成了聚落的边界"等形式，区分出了聚落空间的"内有序、外无序"。领域性的这种可识别性，不仅仅表现在其外在特征上，同时还表现在聚落群体的社会行为之中。

大学聚落内部空间的领域性是比较明显的，一个公共交往的校园广场，或是一个环境优美的"英语角"，或是湖边一排石凳，甚至是密林深处一条幽静的小路，都会适合某一类人群的行为特性，从而形成某种固定的领域。对于建筑师来说，需要充分地接触生活，接触师生群体，了解他们的行为领域性特征，从而营造合适的空间，满足不同类型人的行为需求。

5.2.2 建筑空间的场所感

"场所"是有明确特征的空间。一般的空间并不等同于场所，只有当人在一个具体的空间里感到自在，愿意逗留并产生某种联想时，空间才会成为场所。例如，校园里一个景观丰富的园林空间，往往给学生带来愉悦的感觉，使人们愿意逗留其间，从而形成让人流连忘返的场所。所以，场所的产生依赖两个条件，一是空间，空间是容纳场所活动的必要条件，是产生场所感必需的物质基础；二是场所活动，当一个空间单独存在时，我们并不能说这就形成了场所，只有当人类的活动在空间中展开时，空间才具备一定的意义，建筑师的任务就是创造各种有意义的场所[①]，也就是寻求某种场所的精神。舒尔茨在20世纪80年代明确提出了"场所精神"（spirit of place）这一重要论点，受到了世界建筑界的普遍重视。所谓"场所精神"，来源于古罗马，有专家指

---

①吴正旺，王伯伟，同济大学建筑与城市规划学院. 大学校园城市化的生态思考［J］. 建筑学报，2004（2）：43－45.

出，"根据罗马人的信仰，每个独立的本体都有自己的灵魂，这种灵魂赋予人和场所生命，同时也决定他们的特性与本质"。①

作为一类特定的围合空间，场所的边界则是场所中一个十分重要的元素，也就是对空间造型的一种追求。从最直接也最基本的含义来看，建筑创造就是通过对空间造型的设计和安排，获得某种空间形态，从而构成对人的生活有意义的场所，最后体现出一种场所的精神。场所精神根植于当地具体地域特征，根植于场地的自然、历史变迁，并直指人心。正如许多建筑师所认同的，它能折射某种神秘，但肯定不会涉及玄虚和怪异。

在大学聚落中，大学建筑环境空间承载着师生大部分的生活内容。大学的公共场所，如广场、草坪、操场、纪念场地等，都包含着大学聚落的经济、社会、文化活动，记载着大学的发展变化历程，成为大学聚落发展的重要组成部分。就单个建筑和整体的大学聚落而言，所谓文化性、地方性、时代性、个性等说法，归根结底是对大学场所精神的一种描述。

5.2.3 建筑空间的认同感

对于大学聚落，可以将之看作一个社区，社区内人们往往拥有自己的信仰、价值观、行为规范、历史传统、风俗习惯、生活方式、地方语言和特定象征等。

关于社区的概念，它是社会学和人类学中最基本的概念之一，其英文为 community，源于拉丁语，最早提出社区这一概念的是德国社会学家藤尼斯，后由美国人译成"community and society"，在美国出版。从社会学的角度来看，大学聚落也可以看作一种丰富多彩的社区形式，如北京大学的中心区，它历史悠久，位于未名湖畔的各大区域，包括学生区、教学区，会同周边的城市区域，形成一种良好的、用来学习的社区氛围（图5-6）。②

图5-6 北京大学中心区的空间认同

（来源：周逸湖，宋泽方. 大学校园规划与建筑设计［M］.
北京：中国建筑工业出版社，2006.）

---

①罗珂. 场所精神——理论与实践［D］. 重庆：重庆大学，2006.
②李新. 北京市居住空间分异与社区文化认同［D］. 北京：北京师范大学，2004.

虽然有关社区的解释多种多样，但关于社区分类的比较明确的解释，出现在 1955 年，由社会学家安布罗斯·金和 K. Y. 钱提出。他们认为社区基本上有这样三个尺度：第一是物质尺度，社区是一个有明确边界的地理区域；第二是社会尺度，在该区域内生活的居民在一定程度上进行沟通和互动；第三是心理尺度，这些居民有共存感、从属感和认同感。

社区文化是社会的地域特点、人口特性以及居民长期共同的经济、社会生活的反映，它是构成社区的重要因素之一，也是人们共同的认同感，即对于某种价值的认同（图 5 – 7、图 5 – 8）。

这种价值上的理性，反映在空间上是对于某种空间类型，某种空间氛围的追求。例如，我们都认同校园是一种宁静、优雅的环境，优美、庄重的场所，舒适、宜人的地方，文化深厚的殿堂，这就是我们共同向往的大学聚落。例如，位于武汉市东湖之畔的武汉大学，坐拥珞珈山、背靠东湖水，地形蜿蜒起伏，错落有致，它不仅占尽湖光山色，更有樱、梅、桂、枫四园，一年四季绿树成荫、花香流溢，"花开时节动江城"，成为游人流连观赏的胜地。又例如，湖南大学校内有岳麓书院、自卑亭等众多古迹，人文气息浓厚、环境氛围庄重，跨进书院，到处可以听到朗朗的读书声，看到埋头苦读的身影，它对人情绪的感染、人的文化修养的提高和人品格的形成，起着重要作用。再如北京大学的未名湖，是燕园风景最美的地方。这里湖光潋滟，塔影婆娑；亭立湖心，石船横卧；石鱼翻尾，岗峦起伏；小桥流水，松柏叠翠。众多人文景观，或凭水际，或隐林间，与湖光相映生辉。而巍峨的博雅塔和它周围的松柏，以及波光荡漾的未名湖，构成燕园的又一大景观。由于建筑位置的巧妙，

图 5 – 7 美国克雷斯学院空间的认同感（莫尔在大学里面的社区理念）（来源：周逸湖，宋泽方. 大学校园规划与建筑设计［M］. 北京：中国建筑工业出版社，2006.）

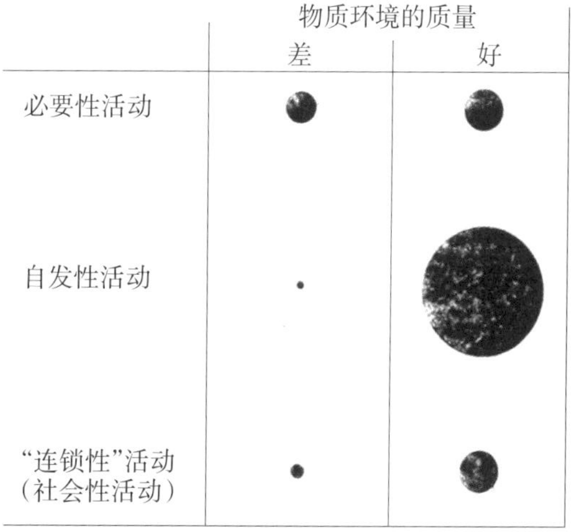

	物质环境的质量	
	差	好
必要性活动	●	●
自发性活动	·	⬤
"连锁性"活动（社会性活动）	·	●

图 5 – 8 不同行为对于不同场所的认同的程度（来源：杨·盖尔. 交往与空间［M］. 北京：中国建筑工业出版社，1991.）

在北京大学内外，从梁柱、古树之间，时见它的身影，更增几分秀丽与神奇。

5.2.4 建筑空间的意境感

意境，是指一种能令人感受领悟、意味无穷却又难以用言语阐明的意蕴和境界。它与审美主体情感相融，就产生了艺术形象、艺术气氛以及艺术联想，意境的内涵，就是艺术形象、艺术气氛、艺术联想的总和。[①]

意境包含了三个层面：一是感性的艺术形象，是人所感知的审美对象，主要是审美客体的客观存在，也有主观的部分；二是艺术情趣、艺术气氛，这其中有情感，有理解，是主观的，有趣味、气韵、氛围、感染力、张力，是主客观结合的；三是前二者触发的丰富的艺术想象和联想，即形象外之"象"，这是主观的。虽然分了三个层次来理解，但这三者是浑然一体，不可割裂的。

意境的基础是生活和人生。它蕴含着寻常生活的意义、历史、人的情感、人生哲学的意味，表现着人活跃的生命力。在大学聚落设计中，聚居环境所蕴含的历史、人文、情感等综合因素，表现在空间层面，就构成了大学聚落的意境。

意境是主观和客观相结合的产物，是艺术创作完成以后，通过对作品的鉴赏活动来完成的。大学聚落的意境，是一种审美理想。

5.3 建筑聚落空间意境的精神因素

5.3.1 精神的归属性

归属性，或称归属感，是基于人们之间的密切联系，基于物质与精神上的互助、感情与思想上的交流之后，逐渐产生一种集体的凝聚力，满足人们的认同与归属的情感需要。

归属感首先表现为对大学聚落环境的识别与认可，这种认同性不仅具有视觉上的特征，而且具有社会联系的特征，即将大学聚落环境的特征，内化为个体与群体的一种关系，内化为个人和所在地域的一种关系。广大师生通过大学聚落环境特质的种种识别性，意识到自己与此环境之间存在一种精神上的依存关系。

具有归属感的大学聚落环境是具有"独一性"的，它激发或保留了师生日常生活的某些真实性。大学聚落中的师生群体，通过长期生活中所体验到的"独特活动方式"，必然引起师生对某个场地的归属情感。所以，在大学聚落生活的各个角落，师生都对自己存在的环境空间产生了类似的感受。英国巴斯大学校园多种的交往空间，就体现一种归属性，反映一种聚合的磁性（图5-9）。

---

①邹维娜. 景观意境的研究［D］. 武汉：华中农业大学，2004.

138

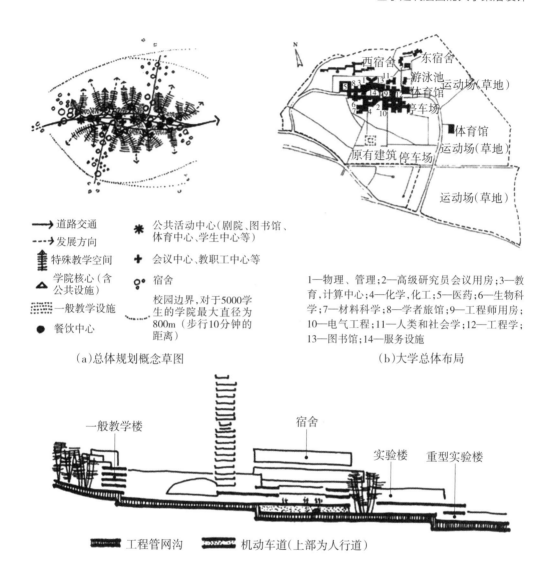

图例：

→ 道路交通

----→ 发展方向

特殊教学空间

△ 学院核心（含公共设施）

一般教学设施

● 餐饮中心

✻ 公共活动中心（剧院、图书馆、体育中心、学生中心等）

✚ 会议中心、教职工中心等

宿舍

校园边界，对于5000学生的学院最大直径为800m（步行10分钟的距离）

（a）总体规划概念草图

（b）大学总体布局

1—物理、管理；2—高级研究员会议用房；3—教育，计算中心；4—化学、化工；5—医药；6—生物科学；7—材料科学；8—学者旅馆；9—工程师用房；10—电气工程；11—人类和社会学；12—工程学；13—图书馆；14—服务设施

一般教学楼　宿舍　实验楼　重型实验楼

工程管网沟　机动车道（上部为人行道）

图5-9　英国巴斯大学归属性，多种的交往，反映一种聚合的磁性

（来源：周逸湖，宋泽方. 大学校园规划与建筑设计［M］. 北京：中国建筑工业出版社，2006.）

　　从这个意义上讲，大学聚落不仅是一种生存空间，而且已升华为人类的感知空间，产生了对于人类所特有的精神价值。正是这种作为精神共同体的社会生活情境，才使人们将"聚落精神"看成具有认同感、安全感与归属感的综合象征。所以，作为具有归属感的聚落空间，同时具有"磁体"（精神凝聚力）与"容器"（包容）的功能。"磁体"功能，体现在吸引人群至此，并产生归属感；"容器"的功能，同化来此的人群，使其产生共同的习惯与文化心理，以及共同的社会生活。因而，反映着聚落精神的归属感，是伴有情感的精神生命表现的渊源和原动力，是大学聚落的基本属性。

5.3.2 精神的群体性

聚落从广义上说，是在一定地域上生活的人群共同体。而在共同分享同一块土地的人群中，最有可能产生责任感与同一感，最容易产生共同的契约与信仰，这种具有朴素的或高级的分工与合作、权利与义务相互依存的关系，正是人的社会性的集中表现。瑞士著名心理学家容格（Carl G. Jung）认为："人类世世代代普遍性的心理经验的长期积累，沉积在每一个人的无意识深处，其内容不是个人的，而是集体的，它是历史在种族记忆中的投影。"亚里士多德更加戏剧性地指出："能独自生活的人，不是野兽，就是上帝。"所以，群居、群体性，是人的天性。

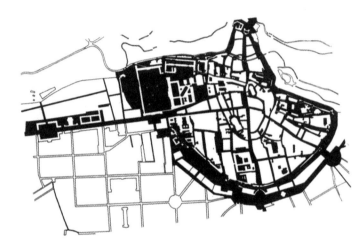

图 5 - 10   一种群体的拼贴（慕尼黑，1840）

（来源：柯林·罗. 拼贴城市 ［M］. 北京：中国建筑工业出版社，2003：131.）

类似地，大学聚落的精神，表达了广大师生的内心意念与情趣，反映了大学聚落的群体意识。这种群体意识，被大学聚落内部的人们所认同，超越了大学物质需求的层面。比如，师生在某个大学聚落环境中感受到的氛围，不只是来自于大学环境本身，还来自于大学环境中的人与人之间面对面的交流。这种位于大学聚落中的社会性需求，随着时代与社会的不同而不同，但是从总体上看，大学聚落精神的群体性，在当代尤为突出（图 5 - 10）。

5.3.3 精神的亲和性

作为一种具有群体性的人类生活，其相互协调必然要依赖向心性，这种向心性可以来自社会生活的不同方面，比如共同的血缘关系，甚至是意义更加广泛的价值观和行为方式的一致性。例如，大学聚落中的人群就具有某种共同的价值观念和素养。生活在其中的广大师生对学术具有共同的追求、共同的信仰，那就是对于宇宙自然规律、人与自然关系的不懈追求，对于求真、求实、求新、求变、谋生存、求发展、开放包容等精神的高度认同。

人类自远古之初，就在人居环境的人为构筑中，诠释人与世界的关系，企图使人居环境的内涵与构成，在更高层次上再现整个宇宙，而人们对于宇宙的理解是人们共同信仰的基础与终极。中国人常以"仰观乎天，俯察于地"，作为圣贤获得灵感的源泉。实际上，一方面自然启迪了人类，另一方面，人类则用自己的观点来解释自然，形成人与自然的交流。原始世界中存在着各式各样、各具文化特征的"宇宙图式"，即各自观念中的"天"。在人为建构过程中，又使得这些含义转嫁到建筑、环境之中。中国古代"天人感应"的自然观对于人居环境的建构有很大影响，如天地日月、春夏秋冬、天文星相等均在环境布局上有所体现。这些，都是体现了群体共同的价值观与共同的信仰，在共同的社会活动中，这种信仰以各种文化形态作为操作载体，表现出具有一定精神文化内涵的物质实在。人按照这种信仰，作用于客观世界，并从中获得回应，以强化这个群体的共同观念或价值取向。

纵观历史发展的人居环境的各个层次以及各种建成形态，大到聚落整体，小到聚落单体，无不以特定的人类活动传达着这种文化信息。所以，这种以共同信仰为基础的社会文化环境，是人类想象力自由驰骋的精神空间。它不再仅仅限于对建筑空间精神本身的追求，而是在此基础上不断提升，将空间环境所引发的人的需求，与感受它的空间环境一起，构成一种新的境界。

因此，大学聚落的"聚落精神"在聚落空间与人群的互动过程中，再一次得到了升华，达到一种全新的境界。这种精神使得大学聚落的人群，拥有共同的素养、追求、共同的价值观念，从而导致了大学聚落在精神层面的亲和性。这种精神，在学术领域不断深入，形成对宇宙观、文化图式、世界观、哲学体系、宗教信仰及美学等方面的综合表达。

5.3.4　精神的和谐性

从大学聚落文化的内涵来说，可分为物质文化、制度文化、精神文化。物质文化为表层结构，制度文化为中层结构，精神文化为核心结构。大学聚落文化构建要从内涵入手，几个方面有机结合，共同建设，和谐发挥功能。第一，要优化校园环境。良好的校园环境可以增强师生的内聚力和荣誉感，既是校园物质文明建设的成果，又是学校精神文明建设的反映。第二，要创新管理机制。管理机制内含组织建设、队伍建设和制度建设三个方面。在组织建设、队伍建设中，各级管理层要加强对校园文化建设的重视，共同研究制定校园文化建设规划，明确分工，责任到人。在制度建设方面，要坚持制度的系统性、可行性和有效性的统一，规范办事程序。第三，要丰富校园文化活动，发挥科技学术活动的龙头作用和高雅文化的艺术熏陶作用，引导学生崇尚科学、培养创新精神，通过长期历练，提升校园的文化品位。例如，英国的牛津大学、剑桥大学，经过数百年的沉淀，经历了人类社会不同的历史发展阶段，最终形成了自己独特的大学文化，以及宜人的育人环境和悠久的传统，实为大学聚落中的典范（图5-11）。

图5-11 牛津大学与剑桥大学的和谐性建筑聚落空间
（来源：华南理工大学建筑设计研究院整理）

5.4 大学聚落建筑空间设计策略

在建筑层面，大学聚落要营建富有吸引力的建筑空间，营建符合大学社区行为需求的环境。前文中，针对建筑聚落空间意境的物质因素（领域感、场所感、认同感、意境感），以及建筑聚落空间的精神因素（归属性、群体性、亲和性、和谐性）做了详细论述。在此基础上，下面将从建筑设计方法的层面，即建筑群体布局、功能空间、形式风格、技术手段四个方面，详细论述大学聚落建筑空间的营建方法，突出"物质与人文同构"，以期在建筑层面，实现"场所型"大学聚落。

5.4.1 建筑的适宜布局方式

1. 综合化

校园建筑的综合化，主要强调多学科的交叉与交流，以及教学科研设备的共享；学生不仅能学好本专业的知识，还可以在更大的范围内猎取广博的多学科的知识。过去各院系相对独立的关系，将被融会贯通、相互渗透的概念所取代。综合化的设计方式，将校园建筑的不同功能部分综合考虑，进行统筹布置，有利于学科群的建立。[1]

2. 组团化

组团化的设计方式，是把建筑群体相对集中布置，形成独立的"簇群式"布局，并且将建筑物用连廊等方式联系起来，方便学生在不同建筑之间穿行。组团化的设计，使建筑物相对集中，一方面缩短了交通流线，提高使用的效率；另一方面留下更多的

---

[1]何镜堂、汤朝晖. 现代教育理念的探索与实践——浙江大学新校区东教学楼群设计［J］. 建筑学报，2004（1）：37-42.

绿化用地，提升校园环境。典型的组团化设计如重庆工学院（现重庆理工大学）教学楼的设计（图5-12）。

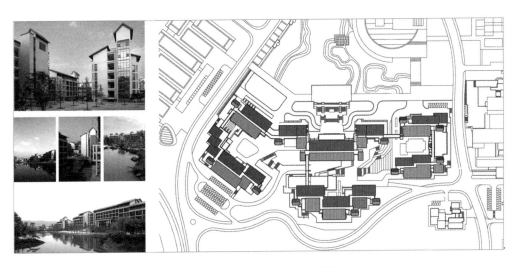

图5-12 重庆工学院教学楼

（来源：华南理工大学建筑设计研究院创作室整理）

3. 网络化

由于学科的不稳定性，以及当前校园建设的高速性，校园建筑往往采用通用性的网络化空间布局。网络化的设计方式，在总体布局上呈网络交织状，在网络的节点上布置服务空间，在网络的主干上布置功能房间，使房间的布置具有灵活性。另外，在结构方面统一柱网，使用"模数化"的开间进行设计（图5-13），使得室内空间划分有较多的可能性，具有较强的适应性。同时，统一的柱网可以相对大批量地生产，从而节约了成本。网络化的结构，便于校园未来的拓展，有利于大学聚落的有机增长和可持续发展。

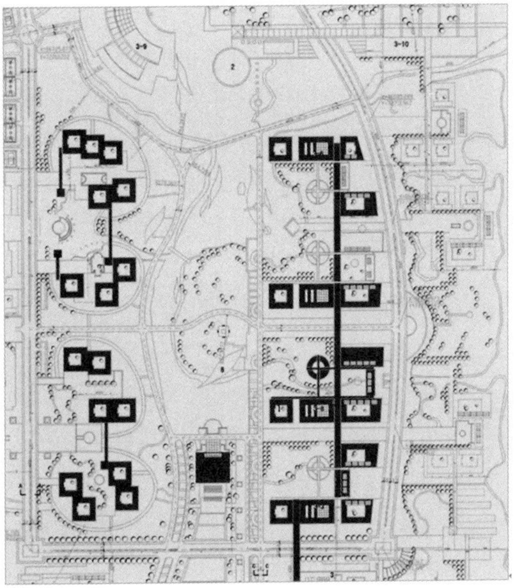

图5-13 浙江大学教学组团

（来源：华南理工大学建筑设计研究院）

5.4.2 建筑功能与使用趋向

对建筑的要求，除了包括功能、安全、耐久、舒适外，还包括对未来发展的考虑。

由于高等教育的手段、目的、社会对教育的要求都在发展，校园建筑的功能，也会变得越来越多样化，建筑设计必须满足高等教育不断变化的各种需求。此外，当今的大学校园建筑设计，已经不单单是一幢建筑的适用、经济、美观的问题，它涉及社会、经济、技术、文化、环境、生态等方方面面的问题。因此，建筑设计应采用合理的方法，并能适应当地的地域特色，结合有效的技术手段，来满足使用的要求。

（1）在教学楼设计过程中，宜将教室相对集中，形成一栋建筑或组成建筑群落，由学校集中管理；同时面向各院、系服务，为师生提供教学科研活动的场所。未来大学聚落的建筑规模较大，房间使用频繁，通常无固定的使用主体，如浙江大学紫金港校区教学楼群（图5-14）。

图5-14　浙江大学紫金港教学楼群
（来源：华南理工大学建筑设计研究院创作室整理）

同时，要注重大学聚落建筑功能的复合化倾向。教学楼的功能复合是指，把不同功能单元和不同性质的空间组合，使它们相互作用、相互制约和相互依存，形成有机的、整体的建筑群体。① 在近年来大学聚落中，由于规模越来越大，导致各功能分区距离较远，往返各功能分区所需时间较长，所以在使用上需在公共教学楼中引入部分服务功能。这种复合型的结构，一方面可以满足学生日常公共行为中原有的兼容性，如

---

①传统的大学校园中，由于校园和各功能建筑单体规模较小，教学区和服务区距离较近，分开设置而使用也较方便。

上课与休闲、购物与社交、阅读与自习；另一方面又有利于形成紧凑、高效、有序的功能组织模式，尤其在土地资源十分有限的情况下。①

（2）在学生宿舍的设计过程中，首先，要注重基本功能的要求。居住建筑是大学生活区的主要组成部分，在功能上，它要满足大学生日常睡眠、休息、学习、交往、讨论、储藏以及就餐等多种需要。国外有的学者将它概括为"4S"，即睡眠（sleep）、储藏（store）、学习（study）和社会交往（society）。与上述功能所对应的建筑空间大致包括居室、卫生间、盥洗室等主要功能性空间，以及门厅、公共活动室、自习室、洗衣房及晾晒平台、值班室、厨房、管理室等辅助性空间。

其次，还需要注重文化建设。大学生居住建筑作为大学聚落环境的重要组成部分，应该具有文化氛围，使人能感受到文化的熏陶。人们对于居住地的眷恋，最直接的回忆就是它的形象，不论来自建筑本身，还是来自周边环境：尖尖的屋顶，亲切的门廊，优雅的拱券，一个池塘，一棵树，一块石头，只要它有美的形象，并在居住生活中发挥着它独特的作用，都可以成为大学生居住区的形象特色。与此相反，千篇一律的建筑造型，缺乏特色的环境设计，只能带来人们视觉上的厌倦，造成文化的失落。所以，不同的居住建筑，能构成不同的校园形象（图 5 – 15）。

5.4.3　建筑形式与风格形成

1. 地域的建筑

首先，大学聚落中的建筑应适应具体的地形、地貌和气候等自然条件。大学建筑基地的自然环境、生态条件都应成为引导设计的重要因素。建筑师要进行建筑设计时应从生态观的角度，使建筑顺应自然地形、地貌的要求，与地段环境融为一体；要用城市的观点看校园建筑，尊重城市和地段已形成的整体布局和肌理，以及建筑与自然的关系。根据不同气候对通风、采暖、隔热的不同要求，不同地域的建筑，在体型、体量、空间布局、功能组织模式等方面，都应体现出差异性。

其次，大学聚落中的建筑应运用地域性材料及适宜的技术手段。建筑材料选择方面，在适用的前提下，应首先考虑当地的材料，并采用与地区相适宜的技术手段，如当地的一些建筑构造方法；然后结合功能，整合优选，融会贯通，就有可能创造出有个性的本土校园建筑，同时也能降低建造成本，提高经济效益。

第三，大学聚落中的建筑应展现该地区的历史与人文环境。建筑的地域性还表现在地区的历史、人文环境中，这是一个民族、一个地区人们长期生活积淀的历史文化传统，应在地区的传统中寻找、发掘有益的"基因"，然后与现代科技、文化结合，使现代建筑地域化、地区建筑现代化，这是校园建筑的创作源泉。②

---

①何镜堂，涂慧君，邓剑虹，等. 共享交融 有机生长——浅谈浙江大学新校园（基础部）概念性规划中标方案的创作思想［J］. 建筑学报，2001（5）：10 – 12，65 – 66.
②何镜堂. 环境·文脉·时代特色——华南理工大学逸夫科学馆作随笔［J］. 建筑学报，1995（10）：5 – 9.

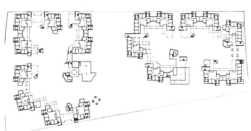

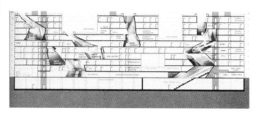

（a）美国麻省理工学院宿舍

（b）顺德技术学院学生宿舍

图 5 - 15　不同的校园形象

（来源：华南理工大学建筑设计研究院创作室整理）

2. 文化的建筑

　　首先，需要注重传承发展大学聚落的历史文脉。大学聚落是发展的有机体，往往有着其独特的历史及文化氛围，因此对于旧校区改建、扩建以及发展新校区，应注意新老校区之间的文脉传承，反映学校的发展历程，使新老建筑相互呼应、协调，在空间营造上体现场所的历史人文特色。

其次，大学聚落中需要营造教育场所的文化特质。校园建筑要体现作为教育场所的文化特质，体现科学文化的理性、秩序，体现高雅、纯朴、自然的格调，体现"以人为本"的人文精神，充分考虑和尊重使用者物质和精神上的需求，创造既能满足师生学习要求，又能激发交流创造的空间和场所。[①]

3. 时代的建筑

大学聚落中的建筑，是一个时代的写照，是社会经济、科技、文化的综合反映。当今科学技术日新月异，新材料、新结构、新技术、新工艺的应用，使建筑的空间跨度、高度和空间品质有了更大的灵活性，信息网络技术改变了大学的空间观念和工作模式，新功能孕育了新的建筑类型，科学技术带来的变化，使大学聚落的建筑创作进入了一个新的时代。

5.4.4 建筑的适宜技术手段

1. 尊重原有的自然环境因素，少用人工能源的设计原则

自然环境因素，包括原有的地形地貌特征和所属地区的气候特征。首先，在大学聚落建筑设计中，对原有地形地貌的尊重，体现在尽量保留原有的地形地貌特征，减少工程的土方量等方面。其次，对于气候特征的尊重，体现在对该地区的气温、常年主导风向、日照间距等的考察，同时贯彻到校园建筑设计中去。例如在南方地区的架空、挖空及北侧单廊形式，有利于课室的采光通风，虽然在建筑面积上会造成交通面积偏大等弊端，但是带来了更多生态节能方面的好处。相同的形式在北方地区就不一定适合。

由上可见，需要尽量尊重原有的自然环境，结合绿色生态技术，塑造如园林般的大学聚落环境，使人有如置身于风景秀丽、绿草如茵、百花飘香的佳境之中，从而建构富有吸引力的场所环境，使得广大师生员工在此流连忘返。

2. 用适宜技术和设计手法，综合解决建筑技术要求的设计原则

在设计中不能孤立地看待一些技术问题，应该对各种技术要求进行综合考虑。在注意使用先进技术的同时，还应结合实际，因地制宜，选取适宜的技术。例如，对采光和遮阳的综合考虑、利用遮阳板的特殊设计，能够达到遮阳、减少眩光、增加室内照度和诱导主导风向，增加室内通风量的综合效能。又如对屋顶活动平台的设计，在设计中引入屋面种植植被的做法，就是综合考虑了建筑的保温隔热的热工要求和美化校园环境的景观要求，以期达到营造多层次交往空间、塑造优美的校园环境和生态节能的综合效能。

适宜的建筑技术不仅减少了能耗，而且可以通过各种被动式的技术，在空间造型

---

①何镜堂. 当前高校规划建设的几个发展趋向 [J]. 新建筑, 2002：(4).

上塑造出许多公共空间，如架空的廊道、遮阳的空间、内凹的庭院等。这些都是富有活力的交往场所，人们在此停留、交谈，也留下许多美好的记忆。

在华南理工大学人文馆的设计中，就采取了若干适宜技术。人文馆屋顶遮阳设计充分考虑了亚热带气候特征，实现了建筑与气候的结合。同时，人文馆屋顶遮阳设计还综合考虑了日照、天然降雨和自然通风等要素，创造出了生态的屋顶空间环境（图5－16）。[1][2]

图5－16　华南理工大学逸夫人文馆的顶部遮阳设计

（来源：华南理工大学建筑设计研究院）

5.5　建筑聚落空间模式

5.5.1　大学聚落设计模式一：三种交往空间模式

1. 外部交往空间模式

（1）广场

大学聚落内的广场，分为礼仪性广场和交流性广场两种。交流性广场需要注意广场的尺度不宜过大，具有一定的围合感和领域感，将广场设计为多用途空间，满足不同使用要求、不同时段的需要，同时要注意动静分区。礼仪性广场空间要注重延续性，

①倪阳，何镜堂，华南理工大学建筑设计研究院. 环境·人文·建筑——华南理工大学逸夫人文馆设计［J］. 建筑学报，2004（5）：48－53.

②吴正旺，王伯伟，同济大学建筑与城市规划学院. 大学校园城市化的生态思考［J］. 建筑学报，2004（2）：43－45.

例如中山大学中心交往轴，就体现了比较明确的导向性（图5－17）。

（2）庭院

庭院，总的来讲应当是亲切、生动、易于交流的。不过由于庭院所处的位置不同，其体现的氛围也各有侧重。设计时应当把握公共性与私密性的平衡，呈现多层次的空间性质。

首先，位于教学区的庭院，一般由教学楼、讲堂、图书馆、实验楼等教学性质的建筑围合而成，是校内师生交流休憩的场所。它们具有浓厚的学术氛围，师生在此进行研讨、学习、相互交往和课余休息等。这里的环境应该是安详、宁静、典雅的，有利于师生们在此放松紧张疲劳的神经。

其次，位于生活区的庭院，则以学生日常生活活动为主要内容，以为学生日常闲暇活动服务为目的。这里的庭院氛围应当是活泼生动、充满活力和生机的（图5－18）。

（3）绿地、园林与水体

园林、绿地、水体除了具有净化空气、改善气候的功能外，还是创造平等和谐、亲切交往气氛的重要元素。良好的环境不仅能吸引更多的人，同时能使人精神放松，促进人际关系的建立。因而，要做好人性化的园林、滨水空间设计，要善于利用绿化、台阶、铺地、小品、石椅等细节，对空间进行有意义的界定，以形成具有亲切尺度感与领域归属感的人性化的滨水交往环境（图5－19）。

图5－17　中山大学中心交往轴（来源：王徐坚. 大学校园建筑交往空间［D］. 广州：华南理工大学，1993.）

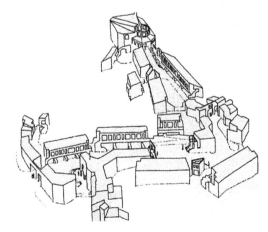

图5－18　加州克利斯基学院的内部交往社区理念（来源：周逸湖，宋泽方. 大学校园规划与建筑设计［M］. 北京：中国建筑工业出版社，2006.）

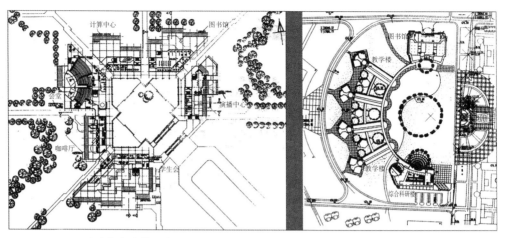

（a）伊朗古依兰大学中心区　　　　　（b）西南科技大学教学中心

图 5 - 19　园林与滨水空间的设计

（来源：周逸湖，宋泽方. 大学校园规划与建筑设计［M］. 北京：中国建筑工业出版社，2006.）

2. 室内交往空间模式

（1）通道

通道，常常是明确领域范围的界限标志，连接此地与彼地，呈线形，导向性明确。设计中要重视通道设计，例如适度引入的光线和宜人的尺度，会让原本单调的通道，增加更多的因素，促使人们停留下来进行交流。设计中可以加入壁报、桌椅、窗台等依靠物。同时，通道还是解决建筑空间转换的有效方法，也可成为建筑空间的趣味点所在。例如建筑外廊，可使建筑有机结合环境；楼梯则是产生上下空间"对话"的手段等。[①]

（2）共享空间

共享空间是大学建筑中的重要组成部分，良好的大学建筑共享空间，将给学生提供舒适的思想和情感交流的交往场所。与其说，共享空间是纯粹地以建筑空间塑造为目的，倒不如说是为师生创造了一种没有烟尘、没有噪声、有绿叶和流水的欢乐气氛，促使广大师生在此彼此观望、自由交往。

共享空间的位置，宜布置在人流集中的建筑部位，常见的是中庭、门厅等，并具有明确的指向性。室内的共享空间的开放形式可以分为五种：完全封闭、顶部采光、单边开放、角部开放以及完全开放。它们在日照、采光、受热控制、与周围环境的视觉联系、室内空间归属感、空间内部方向感以及使用者舒适度等方面都有不同特征（图 5 - 20）。

---

①李道增. 环境行为概论［M］. 北京：清华大学出版社，1999.

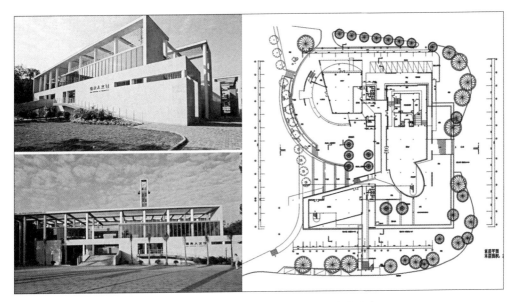

图 5 – 20 华南理工大学逸夫人文馆的交往空间

（来源：华南理工大学建筑设计研究院创作室）

3. 边缘空间模式

（1）建筑入口

建筑入口附近的空间，应当是从属于特定建筑的重要组成部分。它并非仅仅是交通和疏散性质的空间，而更是适于停留休憩、驻足交谈的场所。对于主要建筑入口附近的交往空间，主要以使用者的行为需要为依据，提供适当的场地和设施。在条件允许的情况下，建筑入口应设置座椅、软草地等可停留休憩的设施，空间的界定可通过低矮的绿篱或家具围合来实现。

（2）底层架空

随着大学的高速发展，校园建筑用地的日趋紧张，学生交往活动需求的增加，公共活动空间也日益显得贫乏。因此，在校园内部要充分挖掘空间的潜力，如底层架空空间。它作为校园公共开放交往的场所，已受到师生的普遍欢迎和关注。

底层架空空间，充分体现了"灰空间"的性质。首先，它避免了气候因素的干扰，可遮阳避雨，营造安全舒适的环境。其次，因无围护结构，底层架空的空间视觉不受影响，可引入更多的室外自然光线和景观。室内外空间界限模糊，相互融合，可引入更多的自然因素。最后，在具体设计上，校园底层架空空间内可引入绿化、水体、小品及座椅、电话亭、灯柱、招牌等设施，使学生置身于架空空间内，又仿佛漫步于室外的大自然中，既能感受到室内宜人的气氛，又能体味室外的自然亲切感。

（3）屋顶平台

屋顶平台，也是创造丰富的大学聚落环境的一个有效手段，因其临近室内活动空间，从而使用起来较为便捷。屋顶活动平台的限定接口一般较为低矮，使其与外界环境既分隔又相互贯通，师生们在此停留，既能与周围自然环境进行对话，又能远离外界的干扰。

5.5.2 大学聚落设计模式二：五种步行空间模式

1."步行尺度"理想

C. 佩里（Clarence Perry）在20世纪20年代的纽约地区规划中，提出邻里单位原则，1929年，施泰因（Clarence Stein）进一步发展了邻里概念，在新泽西以北的雷德朋（Radbum）建成独立设置的人行与车行网络，首次实现了"人车分行"的交通模式。[①] 这种理念，对于大学聚落的建筑交通设计，也有重要的影响。

高校扩招以后，校园的规模越来越大，新、老校园在不断地扩大机动车道，收窄人行道，外部空间开始走向失落。我国大学的老校园，以人车混行的交通模式为主，包括人行和车行交通，且老校园多采用网络型道路，不重视避免教学区内的车行交通。随着车流量增大，人车矛盾日益激烈。所以，在这里提出一种理想，一种"步行尺度"理想。在大学这个特定人群的城市区域，追求这样的理想是完全可行的。校园提倡"步行尺度"，需要从若干方面考虑步行系统的设计，诸如校园规模、尺度控制、功能分区，以及校园道路规划设计、校园形态设计、外部空间设计到建筑设计，进行灵活变通的思考。

在当代大学大规模、大尺度的校园环境下，在现代汽车交通主导的方式下，实现"步行尺度"的理想，需要采用一些具体的设计方法。概括起来，大概包括圈层分割、适度分区、连续、多样、适度紧凑、综合处理等。

2. 五种步行空间模式（表5-2）

表5-2 五种步行空间模式分析

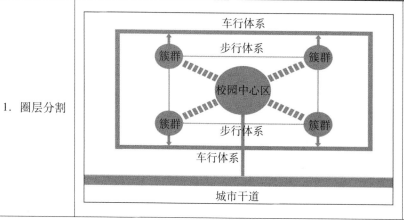

| 1. 圈层分割 | 车行体系 步行体系 簇群 簇群 校园中心区 簇群 簇群 步行体系 车行体系 城市干道 | 说明：采用车行环路分布在外层，车行、步行分开布置的方式。适合规模适中的校园 |

①陈浩强. 构建步行校园 [J]. 新建筑，2006，24（4）：74-77.

重庆大学虎溪新校区过程方案的车行、步行分区思考
（来源：华南理工大学建筑设计研究院）

2. 适度分区

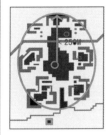

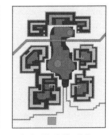

说明：特大尺度下，打破传统的功能分区，采用细胞组团方式

人性化的尺度　　　清晰而人性的流线　　　完备的功能系统
浙江大学西校区教学楼与宿舍的接近式的"细胞组团"布局

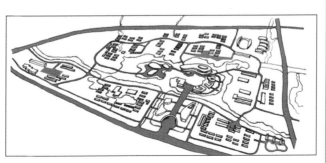

浙江大学西校区概念性规划鸟瞰图
（来源：华南理工大学建筑设计研究院）

教学区与宿舍区紧密联系的组团，缩短步行距离

3. 穿越	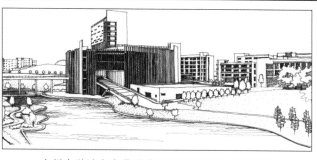 广州大学城广东药学院图书馆的穿越步行斜坡 （来源：华南理工大学建筑设计研究院） 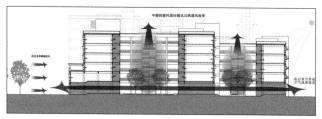 华南理工大学 31、32 号楼的底层架空的步行穿越区 （来源：华南理工大学建筑设计研究院）	说明：步行的穿越设计手法
4. 适度紧凑	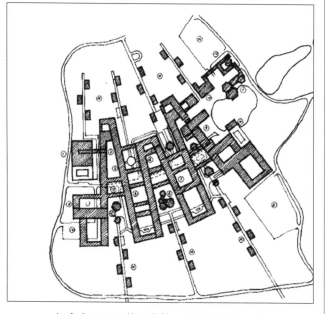 加拿大 SFU 巨构混合体，紧凑混合的步行 （来源：叶青. 构建步行校园 [D]. 广州：华南理工大学，2004.）	说明：在一个混合体内紧凑的步行方式

5. 综合多样	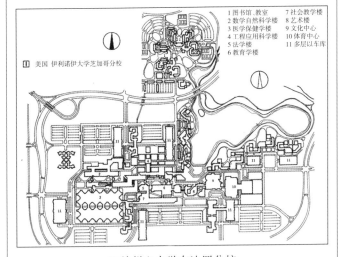 纽约州立大学布法罗分校 （来源：建筑设计资料集编委会. 建筑设计资料集3 [M]. 北京：中国建筑工业出版社，1994.）	说明：综合多种步行处理方式

图例内容：
1 图书馆、教室　7 社会教学楼
2 数学自然科学楼　8 艺术楼
3 医学保健学楼　9 文化中心
4 工程应用科学楼　10 体育中心
5 法学楼　11 多层以车库
6 教育学楼

美国 伊利诺伊大学芝加哥分校

5.5.3　大学聚落设计模式三：建筑群体空间模式

1. 组团化

在处理大规模建筑群体时，为避免规模巨大的群体相结合所造成的空间过大，组团化设计手法应运而生。组团化的目的，主要是为了在群体空间和个体空间之间形成一个过渡的空间层次，缓冲空间体量剧烈变化而造成的尺度失调感。此外，组团化设计有利于功能的合理整合，共享资源的合理搭配，内部环境的优化，建筑造型的完整等。例如大学教学楼这类建筑，由于其规模的不断增大，组团化设计的趋势日趋明显。

2. 综合化

当今学科发展呈现两大趋势：一是"突破"，也就是通过学科之间相互渗透和联系，尽力超越原有的科学规律和科学成果，产生新兴学科；二是"融合"，就是使学科之间的界限越来越模糊，增强学科之间的互补作用。多学科的融合，可导致新的跨学科领域的开拓和扩展。学科的交叉与综合是实现科技创新，科学进步的新型发展模式。

在教学楼建筑设计时，将学科上关系密切的教学楼，进行组团化设计，有利于学科之间的互动。其次，教学楼组团与组团之间，又联系成一个完整的体系，使得所有学科在一定范围内也可以相互联系，进行学科之间的交流。

3. 网络化

网络化的设计方式，指的是在建筑总体布局上呈网络交织状，并在网络的节点上布置服务空间，在网络的主干上布置功能房间，使房间的布置具有灵活性。同时，网络化设计使建筑柱网统一，实现模数化设计，具有较强的适应性。

5.5.4　大学聚落设计模式四：建筑适宜技术模式

建筑设计不要盲目追求高技术，而是要根据我国的国情，采用适宜的技术，用简明有效的手段解决实际问题。

首先，在教学楼设计中，其柱网设计就可以采用适宜的技术思路。例如，其柱网形式，通常可以采用 $8m \times 8m$，$10m \times 8m$，$10m \times 10m$ 的柱距。它是目前柱网设计中常用的尺寸，比之先前 $7.8m \times 7.8m$ 的柱距有所增大。其中，在浙江大学新校园综合教学楼群中，采用柱距较大的、$10m \times 10m$ 柱网的钢筋混凝土框架结构，以利于教室和研究室的通用和互换，适应十多种不同类型的教学要求，取得了比较好的效果。但是，对于比较固定和单纯承担教学功能的教学楼来说，$10m \times 10m$ 的柱距就过大了，对于 100人以下的普通教室并不是很适合，应取较小值的柱距。如华南师范大学南海校区教学楼，使用 $8m \times 8m$ 的柱距，较好地满足了 50、100、150 人的标准课室要求。教学楼采用何种柱距尺寸，与它本身的使用性质和学校的具体要求紧密相关，还需要设计人员在具体的实践过程中，不断地加以探索。

又如，在试验楼设计过程中，除了要保证基本的试验技术要求之外，还要注意其新功能的技术支持。如对于展示功能，高校实验室建筑的展示功能空间，是依附在实验室建筑公共空间里，兼有知识传授、研究成果展示及教学成果展示等作用。虽然传统的实验楼建筑也有类似的功能，但其重要性往往不被重视。不过，现在它已经是新型大学中实验楼建筑的一个重要组成部分了。一些比较特殊的实验楼，如地球科学实验楼建筑，甚至会出现特殊要求的展示空间，如展示地质钻头的空间。这类空间的设计和使用，一定程度上体现了新时代高校实验室的特点。

其次，多媒体功能在实验楼里也非常重要。多媒体教学借助以计算机为代表的多种信息传递工具，直观形象地展现教学内容，是辅助教师完成课堂教学或练习的一种教学手段。多媒体教室在高校实验楼里发挥了重要的作用，使教学内容进一步直观化，而且节约了传统的教学资源，可以实现较为精确的虚拟过程讲解，是比较有意义的实验室建筑新功能。

再者，关于实验室的服务功能也值得重视。为社会、企业服务，使当代的高校实验室具有了一定的生产能力，可以不完全依赖于学校的单方面资金来源而进行自身的改造发展。例如，在四川大学双流校区试验楼平面，就增加了空间的丰富性，设计了许多供交往的灰空间，建筑的功能也有一定的复合化（图 5 – 21）。

同样，高校的图书馆也有许多适宜的技术要求。一方面，现代图书馆由于社会的整体环境改变，资讯流动的方式产生了革命性的变化。阅读的方式、读者的阅读心理、阅读目的以及阅读行为都发生了变化。作为建筑设计者，为了适应这一切的变化，我

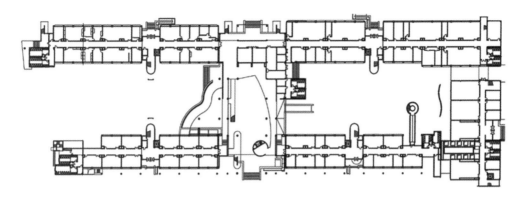

图 5 – 21 四川大学双流校区试验楼平面
（来源：华南理工大学建筑设计研究院整理）

们的设计也应有相应的体现。人们对图书馆功能的理解和以前已不一样。他们希望在同一地点获得更多的资讯。因此当代的图书馆往往集合了传统图书馆所没有的功能。比如，博览室、多媒体视听室、会议中心、学术交流中心以及作为附属配套的休闲、上网、饮食、咖啡室等场所。如果有必要，图书馆甚至可以与相互关系并不大的功能集合在一起，比如大学的行政办公楼、计算机馆等和图书馆合建。复合型的图书馆，已经成为今后发展的方向。另一方面，从建筑的形体、空间、围护结构、建筑材料、开窗方式、开窗面积、日照、朝向、日照时间，以及保温隔热、通风等方面综合优化设计，图书馆在此拥有许多的适宜技术，需要加以探讨。

5.5.5 大学聚落设计模式五：建筑文化互动模式

建筑聚落空间作为有"磁体"效应的空间，具有空间的场所感、空间的领域感、空间的认同感、空间的意境感等相关特性。这些特性，与大学社群中人的行为心理需求互动，如与社群的归属性、社群的群体性、社群的亲和性、社群的和谐性等发生互动。实际上，人的行为对于聚落空间的形成，具有十分重要的意义。依据中心地理理论的推断，大学空间结构，其实是大学社群经济社会活动在空间上的投影。

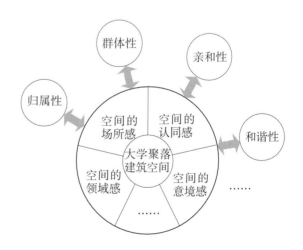

图 5 – 22 大学聚落微观环境人文聚合分析

大学作为城市中一个特殊的区域，是复杂、多元的，没有绝对的秩序，也不是完全无序地发展。不能由规划师、建筑师单纯地进行思考，而是多种社会文化因素相互作用，甚至包括公众参与的结果。设计师不应该是以自我为中心的艺术家，而应该是具有统领眼光的社会学家，这样建筑才能成为解决社会矛盾的一种手段。

5.5.6 基于建筑层面的大学聚落设计提炼

本章从建筑层面出发，提出大学的"建筑聚落型空间"，着重突出人对空间的感受与需求，强调大学聚落建筑空间是一个能吸引人的"磁性容器"。

大学聚落是一类特殊的区域，是一个智力开发的地方；现代科学的交叉性、复合性，凸显了大学师生交流、交往的必要性。大学对于空间的需求，在于交往，在于人文的情怀，在于舒适、幽静的氛围，在于步行可达的亲切尺度关系。

在这样的前提下，首先，关注影响"建筑聚落型空间"的物质因素和人文因素，即物质层面突出领域感、场所感、认同感、意境感，精神层面突出归属性、群体性、亲和性、和谐性。

其次，进一步提出大学聚落建筑的相关设计策略，包括：①大学聚落建筑适宜布局方式；②大学聚落建筑的功能和使用趋向；③大学聚落建筑形式和风格形成；④大学聚落建筑的适宜技术手段。

最后，依据上面的分析，提出大学聚落在建筑层面的"场所型"设计模式：①大学聚落建筑空间的三种交往模式；②大学聚落建筑空间的五种步行模式；③大学聚落建筑空间组团化、综合化、网络化模式；④大学聚落建筑设计的适宜技术模式；⑤大学聚落建筑的文化互动模式。

6 大学聚落是一个系统知识体系

本章内容，是对全书各个章节内容的简要回顾与总结，旨在给读者阅读时提供方便。大学聚落作为一个"系统的知识体系"（图6-1），主要涵盖以下几个层次的内容。

第一，大学聚落的概念、特征及设计原理。

第二，大学聚落设计方法的建构，具体包括：①宏观（城市）层面的集约型大学聚落设计；②中观（校区）层面的整体型大学聚落设计；③微观（建筑）层面的场所型大学聚落设计。

第三，大学聚落"设计模式"的总结。

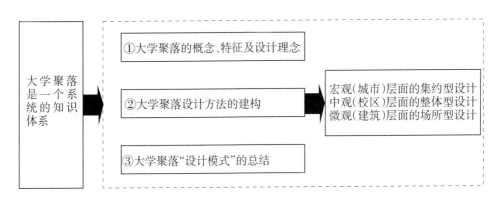

图6-1 大学聚落是一个系统的体系

在大学聚落设计方法建构的基础上，第三章、第四章、第五章进行了详细分析，并在各章节的结尾部分，总结了宏观层面、中观层面、微观层面的"设计模式"。在本章后续部分，列出了设计模式汇总简表。

下面，将针对上述内容，做简要的回顾。

6.1 大学聚落概念、特征及设计原理简要回顾

聚落，简而言之，就是人类聚居的地方。大到区域、都市，小到乡村、院落，它们所构成的整体环境均可以称作聚落。其实，整个人类社会就是一个大的聚落环境。

既然整个人类社会都是一个大的聚落环境，那么，大学作为城市中的一个特殊聚居区域，当然也可以视作一类特殊的聚落，我们称之为"大学聚落"。本书第一章1.3.1小节指出：大学聚落是聚落的子层级，指的是聚落中一种特殊的聚居形式。换句话说，它可以看作是在一定的区域内，师生员工居住、生活、休息和进行工作的场所。需要强调的是，在该区域中不仅要有建筑及其外部环境，以及相关的设施，更需要营造出浓厚的人文精神。

形容大学的概念很多，如大学校园、大学校区、高教园区等，我们为什么还要引入"大学聚落"的概念呢？大学聚落相比其他的概念，又有什么不同的特点呢？本书论述的大学聚落，其具体的设计原理、设计方法又是什么呢？又为什么要提出走向大学聚落？这些问题，都在本书前面的章节中一一做了回答，在此做一下小结。

6.1.1 为什么要引入大学聚落的概念

从欧洲中世纪大学诞生至今，大学走过了漫长的发展历程，对世界文明做出了巨大贡献。自改革开放以来，我国经济建设发生了很大变化，大学聚落得到了高速发展，但也面临新的挑战。我们不得不思考，未来应如何设计、如何建设大学这一特殊的聚居环境？

要回答这一问题，首先要回到大学的"精神内核"，回到大学聚落的"设计价值取向"上来。这是因为，只有明确正确的指导思想（或称"正确的思维方法"），才能形成正确的大学聚落的设计方法。

为了探求大学的"精神内核"，明晰大学聚落的"设计价值取向"，本书基于聚落的视角，提出"大学聚落"的概念。

历史是最好的借鉴。回顾历史，在远古的社会，我们的祖先为了求生存、谋发展，大家聚集在一起，与恶劣的自然环境、凶猛的野兽做斗争，逐渐形成了原始的聚落。随后，人们为了获得更好的生活环境、工作条件，进一步集聚，形成了村庄、集镇、城市。亚里士多德说过："人们为了生活，聚集于城市；为了生活得更好，留居于城市。"所以，谋生存、求发展就是聚落的灵魂和精神所在。反观现在的大学，不正是要大力弘扬这种精神吗？求真、求实、求新、求变、谋生存、求发展、开放包容等理念，正是当今大学所应坚守的信念。

这种信念（或称之为大学的"精神内核"），就是指导大学聚落设计的价值取向。这一价值取向，反映在规划、建筑设计层面，就是要强调，大学聚落的设计应该"以人为本"，要充分遵循现代的大学精神。也就是说，大学聚落既要营造生态、绿色、智能的良好物质环境，又要营造出文化底蕴深厚、开放包容的精神环境。

"大学聚落"的提出，正是突出人这一主体，实现大学聚落物质与人文的同构，张扬大学的精神风貌和时代特性；有利于将"求真、求实、求新、求变、谋生存、求发展"这一理念，贯穿到设计的始终，渗透到设计的各个环节。所以，本书的立足点，始终是从聚落的视角，系统分析大学聚落的规划设计问题，并提炼大学聚落的设计模式。这一观点的提出，是对我国高等教育发展趋势的响应。

6.1.2　大学聚落的特征

大学校园，改称大学聚落，两个字的转变，标志着思考侧重点的转变。正如本书第二章中所总结的，大学聚落拥有六大特征：①人文场所、精神殿堂；②整体协调、集约发展；③适应环境、有机生长；④磁性空间、同构与异构；⑤开放创新、绿色智能；⑥聚落的稳定性与不稳定性。

1. 人文场所、精神殿堂

大学聚落的概念，带有浓厚的人文气息。之所以提出这一概念，就是要在大学物质环境的基础上（如教学空间、生活空间、科研空间、道路体系、景观体系等等），突出大学的精神环境（大学精神、校史记忆、师生群体、行为方式等）。正如梅贻琦所说："大学者，非有大楼之谓也，有大师之谓也"。孟子也说："所谓故国者，非谓有乔木之谓也，有世臣之谓也。"也是类似的道理。

2. 整体协调、集约发展

首先，大学聚落应是整体协调的聚居环境。大学聚落的视角，不是仅仅指某几栋建筑，而是涵盖建筑、环境、群体、社会关系等多种复杂因素的综合体。整体协调，就是指大学聚落设计，应从整体层面去考察其物质与人文的同构问题、考察大学聚落的规划设计、建筑设计问题。

其次，我国是土地资源相对匮乏的国家，城市建设要走集约化发展的道路。同样道理，大学聚落作为城市中的一个特殊的区域，也应该走紧凑、集约的发展道路。当今，大学聚落呈现规模化、多元化、巨型化、复杂化、开放化的趋势，在正确审视其巨大成就的同时，也需要对其进行冷静的思考。总体来看，高校扩招时期，由于时间短、建设速度快，大学聚落倾向于一种较为粗放型的发展方式。在未来的大学聚落建设过程中，应逐步转向集约型的发展方式，要解决大学"量"与"质"之间的矛盾。

3. 适应环境、有机生长

大学聚落是一个可持续发展的聚居环境。这种可持续性，表现在"适应环境、有机生长"两个层面。首先，针对"适应环境"的问题，要强调大学聚落的原生态设计理念。也就是说，在设计过程中，要充分尊重当地地域的环境、地形、地貌、气候特征等，形成适应当地环境的大学聚落。其次，针对"有机生长"的问题，要强调大学聚落设计的弹性规划、过程性规划。大学聚落设计，不可能一次终结，它的内部环境的成熟，必将经历一个又一个漫长的设计过程。理论家约瑟夫·赫德指出："校园的建筑与规划是在不断变化的，它们的未来难于预计……我们的大学（的设计）永远不会完成。"所以，"有机生长"是很自然的。

4. 磁性空间、同构与异构

大学聚落，就是要营造一个极具人气、极具活力、极具吸引力的聚居场所，如同一个拥有很大"磁力"的空间。一方面,大学聚落通过生态、园林般的校区环境,富有诗意和韵味的教学、生活空间,形成有吸引力的磁性场所;另一方面,大学聚落作为城市中高素质人群聚集的城市地域,通过产、学、研三者之间的合理运行,形成资金、人才、技术、知识的"洼地效应",吸引大家在这里集聚、在这里工作、在这里生活,激发大学的生命力,并与周边城市区域产生密切的互动。

这里,我们要强调,大学聚落是空间场所与聚落精神的"同构体",即所谓"文化育人""环境育人"。同时,不同的大学聚落,又拥有自身的不同文化个性,即所谓的"异构性"。

5. 开放创新、绿色智能

当今时代,随着工业革命的进一步发展,新技术、新理论的创新,成为国家的重要国策。大学聚落作为人才密集的地方,也是科学理论、技术体系、工程实践等高度密集的区域。因此,大学不能关起门来办学,它必须是开放的,要面向社会、与社会交融,成为带动社会创新的发动机。

同时,面向新技术革命,大学聚落必须顺应世界潮流,走绿色、生态、智能的新型发展道路。

6. 大学聚落的稳定性与不稳定性

大学聚落是师生员工聚居和从事各种活动的场所,内部的人群虽然众多且复杂,但流动而有秩。同时它还具有比较稳定的层级体系,如建筑、组团、簇群、功能区域、巨型化校园、大学城等。另一方面,大学聚落也存在不稳定性。大学的不断发展,也是大学自身不断突破、不断进取的过程,大学聚落将随着历史车轮的演进,不断变化、完善自身。

之所以提出大学聚落的"稳定与不稳定"的问题,就是要认识到大学聚落是一个动态的发展过程。

6.1.3 大学聚落的设计原理

回顾一下,大学聚落的设计原理,包括:①集约化设计;②整体化设计;③有序发展与开放增长;④物质与人文同构建设;⑤适应多种趋势与复杂因素。

上述原理,可以分为若干层次。

第一层次:大学聚落是一个极其复杂的系统,对于如此复杂体系的设计问题,要把握几个重要方面。首先,大学聚落强调物质层面和人文层面的同构,即突出以人为本,在设计中不仅要解决好物质空间层面(如建筑、道路、景观等)的合理性,更要解决精神层面(如人的感受、情怀、精神)的合理性;其次,要适应我国当前复杂的经济、社会、文化背景;第三,要实现大学聚落的可持续增长,做到有序的发展。要实现大学聚落与社会的共生、共荣,实现大学聚落的"开放增长"。

第二层次:大学聚落要符合"集约型"设计原理。要适宜我国资源相对匮乏,农耕地存量压力较大的现实国情，走集约、精简、内涵式的发展道路。

第三层次：大学聚落要符合"整体型"设计原理。要从整体化的视角，研究大学聚落的复杂系统。将大学聚落的功能体系、交通体系、景观体系等要素统筹考虑，实现大学聚落环境效益在整体上的提升。

第四层次：大学聚落要符合"场所型"设计原理。要有建筑的场所感，实现物质与人文的高度融合。

6.2　大学聚落设计方法建构的回顾

6.2.1　从"城市层面"到"校区层面"，再到"建筑层面"的多角度分析

从聚落的视角，提供了一种系统化的思维方式。这种系统化的思维方式，首先表现为思维的层级性。从聚落的分类来看，其本身就是"村落—村镇—城市"的层级系统。此外，诸如人类聚居理论，或是聚落地理学的研究，所阐述的都是一种层级化的思维方式。反映到大学聚落中，就是从"城市"，再到"校区"，再到"建筑"的层级化思维方式。

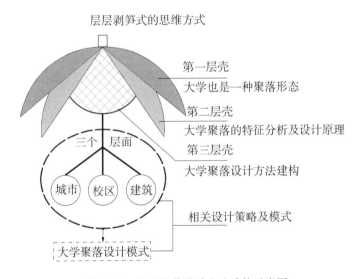

图 6－2　大学聚落设计方法建构示意图

6.2.2　从"设计原则"到"设计策略"，再到"设计模式"的层次化推导

本书思路是一种剥笋式的思维方式（图6－2）：①在大学复杂现象的基础上引入"聚落"，提出"大学聚落"的概念；②分析大学聚落特征及相关设计原理；③是从理性认识的基础上，构建"大学聚落设计"的相关理论体系，引出"物质层面与人文层

面"的辩证唯物的对立统一关系，并提出"设计原则—设计策略—设计模式"的思维方式；④根据以上原则，针对我国的具体国情，分别在城市层面、校区规划层面、建筑层面提出"大学聚落所关注的重点问题"，即城市层面关注大学聚落的"集约型聚落"，校区规划层面关注大学聚落的"整体性聚落"，建筑层面关注大学聚落的"场所型聚落"；⑤在上面目标体系的基础上，分别针对城市层面、校区规划层面、建筑层面的策略进行细化，并演绎出相关模式；⑥总结大学聚落设计模式，并得出结论。

6.3 大学聚落设计模式的总结

6.3.1 设计策略与设计模式之间的关系

所谓"策略（strategy）"，就是为了实现某一个目标，预先根据可能出现的问题，所制定的若干"对应的方案"。据此，所谓大学聚落的"设计策略"，是依据大学聚落的设计理论与原则，为了实现"物质层面和人文层面的同构"这一目标（见第一章1.3.2"目标范围界定"），并根据大学聚落发展过程中所面临的问题，所提炼的若干对应的方案。

所谓"模式（pattern）"，是指从生产经验和生活经验中经过抽象和升华提炼出来的"核心知识体系"，是指事物的"标准样式"。相对于"策略"，它已经不仅仅是"对应的方案"，而是上升成为"核心知识体系"和"标准样式"，是高度凝练的理论。据此，所谓大学聚落的"设计模式"，是在设计策略的基础上，总结提炼出来的"核心知识体系"，是对大学聚落设计方法的进一步提炼。

6.3.2 大学聚落设计模式的总结和提炼

本书从城市层面、校区规划层面、建筑层面三个层面出发，来研究大学聚落。在各个层面，重点突出各自关注的焦点问题，提出各层面的设计策略，最后总结各个层面的设计模式。

需要强调的是，用城市层面、校区规划层面、建筑层面来分层次分析，不是完全铺开来论说，这样既不实际也没有可能。本书从三个层面分别提出各自关注重点，即城市层面的"集约型"，校区规划层面的"整体型"，建筑层面的"场所型"。

1. 从城市层面来看，主要关注大学聚落设计模式的"集约型"

当前大学聚落的高速发展，是一种粗放型的发展方式，具有高投入、高能耗的特征。如何认识当前国情，保护珍贵的土地资源、保护珍贵的自然环境资源、维持合理的建筑能耗、集中有限的社会资源，走勤俭、精益、内涵式的发展道路，是大学聚落设计中必须认真对待的问题。

在城市层面，主要关注以下四种模式。

（1）多元群构模式

目前，大学聚落的用地规模不断增大，区位分布逐步由城市内部转移至城市郊区。相比而言，城市郊区用地不如城市内部用地那么紧张，所以在大学聚落新建、重组、扩建的过程中，不能忽视"集约型"设计的思想，不断倡导社会效益、经济效益、环境效益的综合协调。

不论是从大学聚落的区位分布来看，还是从大学聚落的空间布局来看，它们都是处于一种多元的状态。所以，未来的大学聚落要秉承集约型设计思想，努力走向"多元的集聚"。广州大学城的建设，就是"集约型"设计的成功典范，在其规划设计中，将10所新建大学聚落适当组织、集中建设，从而实现资源共享、优势互补。不过要加强管理，杜绝功利主义思想，实现大学聚落建设的长远发展。

（2）资源协调模式

集约，在很大程度上关注的就是资源的合理利用问题。对于大学聚落设计，其土地资源协调、交通资源协调、环境资源协调等问题，尤为重要。土地资源要从自然因素和社会因素的角度来综合考虑；交通协调需要认识大学聚落交通的层级性与弹性，并强调步行优先；环境协调主要涉及管理模式、综合环境塑造、适宜技术运用等。

（3）互动共生模式

互动发展涉及经济与文化两个层面。首先，大学聚落作为智力、知识的聚集地，需要与社会经济的发展产生密切联系，将科学技术转化为生产力，当然，这需要一个较长的、合理的过程。其次，大学聚落作为文化的孕育场所，对于城市文化发展，也起到了很大的影响作用，大学聚落与城市也存在文化互动的问题。

（4）适应性模式

大学聚落的建设，离不开高等教育政策、高等教育理念的影响，这是我们必须关注的问题。大学聚落的适应性模式，是强调其应适应"现代教育理念下的人才培养模式"，从而进行自身空间、环境、文化氛围的调整，以期真正实现"环境育人"。

2. 从校区规划层面（简称校区层面）来看，主要关注大学聚落设计模式的"整体性"

大学聚落设计是一个整体的系统工程，大学聚落设计在"校区规划层面"需要体现整体聚合的思路。整体设计，主要包括校区的功能设计、交通设计、景观设计、动态设计等部分。校区的整体设计，是指将以上各个设计环节形成整体的过程，从而形成校园整体的教学科研物质环境。

在校区规划层面，主要关注以下三种模式。

（1）整体规划模式

主要在大学聚落功能设计、交通设计、景观设计三个方面，总结提炼设计模式。同时，这三个方面需要有整体思维，即实现"1+1>2"的辩证的整体效果。

（2）有序发展模式

关注校园的四种发展方式，即老校区内部的保护与重塑、老校区周边的拓展与延续、新建校区的有序发展、大学城有序发展等问题。据此，总结提炼大学聚落动态设计模式。

（3）校园文化环境开放增长模式

大学聚落的文化分若干层面，即器具层面、制度层面、精神层面。大学聚落对于城市的文化扩散，可分为若干的扩散模式，如等级扩散、接触扩散、刺激扩散、迁移扩散，等等。大学聚落文化的开放发展，有利于校区的健康发展，大学不是孤立的象牙塔。

3. 从建筑层面来看，主要关注大学聚落设计模式的"场所性"

现在的大学聚落建设，是一种运动式的、爆发式的短期增长过程，往往出现强调政府政绩、强调大学作为城市名片、强调工具理性、强调硬性的秩序、硬性的分区等，这些只是停留在"一种相当形式化的东西"，忽视了大学聚落的"实质"。大学聚落的实质是什么？大学聚落需要怎样的环境呢？

其实，大学聚落与其说是具体确定的物质空间，倒不如说是关于人的教育、交流的行为活动的场地。这种精神和内在秩序，是时代和民族的产物。具体来说，就是聚落空间对"人的社会化活动的心理需求的一种满足，一种大众共同认可的价值"，这是空间发展的关键，是大学聚落空间的实质。正如本书第五章中所提到的，大学聚落的建设，就是要营建一个好的场所，一个丰富多样的聚落，一个富有文化凝聚力的综合环境。为此，在建筑设计中需要充分考虑大学社群的行为心理，对环境的需求关系，因而倡导以下几种模式。

（1）三种交往模式

三种交往的空间模式，包括大学聚落外部交往空间模式、大学聚落室内交往空间模式、边缘空间模式。

（2）五种步行模式

五种步行模式指的是圈层分割、适度分区、穿越、适度紧凑和综合多样。圈层分割模式，是采用车行环路分布在外层，车行步行分开布置的方式；适合规模适中的校园。这种方式在目前校园规划中经常运用。适度分区模式，指的是特大尺度下，打破传统的功能分区，采用细胞组团方式。穿越模式、适度紧凑模式，是校园内部交通的灵活设计手法。综合多样模式，指在一个混合体内紧凑的步行方式。

（3）建筑群体空间模式

主要指建筑设计中出现的组团化、网络化、综合化的模式。适度组团可以优化建筑环境，网络化可以实现标准化，提高工作效率，避免浪费。

（4）建筑适宜技术模式

大学聚落建筑设计，不必追求高科技、高技术的运用，采用普通的、适宜的建筑技术，对于广大的校园建设市场，将更为适合。

大学聚落的适宜技术设计，其目的是为了更好地、更有效地实现大学聚落建筑设计中"物质与人文的同构"，从而营造富有文化氛围的校园场所。

（5）建筑文化互动模式

建筑文化互动模式指的是校园建筑空间的领域感、场所感、认同感、意境感，与校园建筑精神的归属性、群体性、亲和性、和谐性之间的互动关系。

最后要强调的是，本书是从"聚落"的视角，系统分析大学设计的方法，总结大学聚落设计模式。客观地说，聚落的理论经历了很长的发展阶段，其体系纷繁复杂。况且，每一个理论的提出，都有它具体的历史背景，并不是所有的聚落理论都适用大学聚落的研究。

本书紧抓聚落生存发展的内在动因（即求生存、谋发展、趋向集聚），从大学聚落的精神内核出发，探析大学聚落设计的价值观，总结出大学聚落求真、求实、求新、求变、谋生存、求发展、开放包容等理念，构建大学聚落设计理论体系，提炼大学聚落设计策略与模式，以期将大学聚落建成"开放、联动、创新、绿色、智能"的人居环境。

6.3.3　大学聚落设计模式简表

大学聚落设计简表（表6-1），是将第三章、第四章、第五章的设计模式在此汇总，形成城市层面、校区规划层面、建筑层面的设计模式总表，以形成一个清晰、系统的体系。该体系有以下三个层面的特征。

1. 层次性

从表中可以看出，大学聚落设计模式具有明显的层次性，可分为一级指标、二级指标、三级指标。一级指标主要包括三个层面，即宏观的城市层面、中观的校区规划层面、微观的建筑层面。在三个层面有各自关注的重点，即城市层面关注"大学聚落的集约型模式"，在校区规划层面关注"大学聚落的整体型模式"，在建筑层面关注"大学聚落的场所型模式"。三个层面又都统一到一个大的理念下，即大学聚落"物质层面与人文层面的同构"，突出大学聚落设计物质形态背后的政治、经济、社会、文化等复杂因素。

2. 互联性

大学聚落的三个层面是相互关联的，内容也允许部分的交叉。因为事物毕竟是复杂的，它们之间不是简单的线性关系，而往往呈现一种网络交织的状态。

3. 整体性

将大学聚落的各设计模式组合在一起，强调整体大于部分之和。该表中的设计策略，不是"1+1=2"的机械加法，而是要实现"1+1>2"的系统效应。

表 6－1　大学聚落设计模式简表

一级指标	二级指标	三级指标		
一、宏观城市层面关注焦点：大学聚落设计模式之"集约型聚落模式"	1. 多元群构模式	（1）在综合层面的多元模式、适度群构模式、规模化模式		
		（2）动态区位的发展过程中体现适度集约的倾向		
	2. 资源协调模式	（1）环境协调	①生态环境	
			②人文环境	
			③适宜技术	
			④持续发展	
		（2）土地协调	①土地复合利用	
			②土地适度置换	
		（3）交通协调	①层级交通模式	
			②综合交通模式	
			③弹性交通模式	
			④步行优先模式	
	3. 互动共生模式	（1）经济互动	①科研	
			②学习、教育	
			③社会服务	
		（2）文化互动	①大学聚落文化扩散	
			②大学聚落文化层级	
	4. 适应性的模式	（1）高等教育集约化理念		
		（2）学科交叉、功能复合、功能更新		
二、中观校区规划层面关注焦点：大学聚落设计模式之"整体型设计模式"	1. 整体规划模式	（1）教学环境	①空间特征：空间集中化模式；空间通用化模式；空间结构多层次模式；组团化、网络化模式	
			②教学中心区模式：巨型广场中心模式；生态中心模式；礼仪性广场模式；步行轴模式；小尺度空间模式；网格化中心模式；巨构化中心模式；综合模式	
			③教学区功能复合模式：校园尺度过大、聚落环境过于复杂、功能出现复合交叉	
		（2）生活环境	①生活区公共空间多元模式：公共空间多元，公共空间有序	
			②层级模式：生活区—生活组团—社区单元	
			③适应性模式：适应学生心理认知度；针对不同规模的校园，生活区需要适度分区	
		（3）研究环境	①层级模式：校内科技区—校园边缘科技区—独立的高科技中心	
			②孵化模式：小空间作坊—中心产业空间—大的集团产业	
			③多层交往模式：交往空间的层级化	
			④多元、创新模式：跨区、跨省科技园；信息园	

一级指标	二级指标	三级指标		
二、中观校区规划层面关注焦点：大学聚落设计模式之"整体型设计模式"	1. 整体规划模式	（4）交通体系	①步行体系：线性模式、步行区域	
			②交通组织：环形模式、网格模式、枝状模式、综合模式	
		（5）景观体系	①横向模式：生态公园；绿块；廊道；斑块	
			②纵向模式：地下；地上；空中；屋顶	
			③景观复杂关系：层级关系、并列关系、链接关系	
			④空间构成：集中空间、线性空间、点状空间	
	2. 有序发展模式	（1）老校区保护与重塑模式："保护"的有：空间结构保护，边界保护，历史建筑保护，特色建筑保护，内部道路结构的保护，生态环境的保护等。"重塑"的有：校园空间的整体优化设计；校园功能、性质的调整；空间的整合；建筑的维护、更新与新建；校园景观的优化；建立人性化交通		
		（2）老校区拓展与延续模式：传统与个性延续模式，延续校园的个性；景观延续模式，景观的连续融合；肌理延续模式，肌理的统一与协调；动态延续模式，动态的可扩张性		
		（3）新校区跨越式发展模式：整体性模式；规划的过程性模式；多方参与的理想化模式		
		（4）大学城独特发展模式：城市区位优化模式；空间建构组合模式；资源共享互动模式；现代组织管理模式		
	3. 文化环境开放发展模式	（1）文化层级模式：器具层面、制度层面、精神层面		
		（2）对城市间的文化扩散模式（等级扩散、接触扩散、刺激扩散、迁移扩散）		
三、微观建筑层面关注焦点：大学聚落设计模式之"场所型聚落模式"	1. 三种交往模式	（1）外部交往空间模式		
		（2）室内交往空间模式		
		（3）边缘空间模式		
	2. 五种步行模式	（1）圈层分割模式		
		（2）适度分区模式		
		（3）穿越模式		
		（4）适度紧凑模式		
		（5）综合多样模式		
	3. 建筑聚落空间模式	（1）组团化模式		
		（2）网络化模式		
		（3）综合化模式		
	4. 建筑适宜技术模式	（1）低技术、高技术相结合模式		
		（2）对于生态技术的运用模式		
	5. 文化互动模式	（1）归属性、群体性、亲和性、和谐性		
		（2）场所感、领域感、认同感、意境感		

6.4 大学聚落设计的反思与展望

6.4.1 对国内大学聚落建设高速增长的思考

改革开放以后，高等教育发展开始走向正轨。随着高校改革的深入，大学聚落建设出现了高速发展势头，校区建设工程总量比过去翻了几番，而且校区的用地规模及建设总量，都比过去有很大的增加。例如，已建成的广州大学城，包括10所大学，占地43.3平方千米，其中可建设用地面积30.4平方千米；规划人口35.4万人，其中在校大学生18.2万人，教职员工4.57万人。浙江大学紫金港校区第二期用地规模3.8平方千米，加上一期已建校区，两期用地总面积达6平方千米。而中国历史上的县城，一般建成区用地也只有2～4平方千米。

大学的发展毕竟是"百年大计"，一个新建的大学校区，还需要通过较长时间去积累、去完善，最终形成"物质与人文同构"的大学聚落。放眼国外，许多欧美的大学建设，虽然也经历过一些高速发展阶段，但是大学优美环境的形成，还是经过了长时间的积累与沉淀（表6-2）。

表6-2 国外十所代表性大学形成年代对比

国外大学	形成年代	距今/年
1. 哈佛大学	1636	371
2. 耶鲁大学	1701	306
3. 巴黎大学	1200	807
4. 海德堡大学	1386	621
5. 牛津大学城	1220	787
6. 剑桥大学城	1209	798
7. 斯坦福大学园	1885	122
8. 加州（加利福尼亚）大学	1853	154
9. 日本筑波大学	1973	34
10. 比利时鲁汶大学	1425	582

在20世纪末至21世纪初的阶段，大学建设的"井喷式"发展势头开始减缓，大学聚落的发展方向，从注重"数量"的增加，转向注重"质量"的提高。新时期大学聚落理论的发展，将面临几个重要问题，值得我们重视。

首先，突出"环境育人"。如何在现代教育理念的指导下，合理进行大学聚落的设计；其次，对于短时期新建的大学聚落，如何有效地塑造人文环境，实现大学"物质环境与人文精神的同构"。第三，要将大学聚落看成是一个复杂的巨系统，要上升到哲学的层面，用系统整体的眼光来看待它。第四，要将大学聚落设计，看成是一个动态、有序的发展过程。大学聚落设计只有阶段性的成果，没有终止的状态。它将随着时间的推移，不断地完善，不断地积淀。

6.4.2 对当前大学聚落"自上而下"建设方式的思考

近年来，各地高校规模扩容，在新建大学城、大学新校区以及在老校区挖掘潜力扩建改建等过程中，领导决策层和专业规划设计人员发挥了主导作用。这种运作模式的优点显而易见，王建国院士等在《海峡两岸校园规划建设研究》一文中指出，该种方式"有利于集中而有效地处理大学校园事业发展和规划设计的相关性和矛盾；有利于在较短时间里围绕建设任务贯彻一个相对一致的发展建设意图，利用一切可能的资源条件，协调各方力量等；有利于将校园规划的蓝图尽快变成现实等。所有这些优势有一个共同的特征，就是政府角色的主导性和实际操作中的'短、平、快'……该决策过程，有助于按统一步骤有条不紊地进行大学校园建设，特别在当今校园建设存在多重经济运作形式及错综复杂的制约因素的现实情况下，如果与专业人士协调得当，将产生无法替代的作用和效能。"①

这种方式也存在一些缺陷，王建国院士等还进一步指出："建设决策和管理权向高层呈金字塔状集聚，但任何人都不是全能的，高层决策者亦无例外。过分夸大校园建设中的政治决策会削弱校园环境的动态适应性，忽视校园文化的成长性，轻视公众参与和多元决策的有效作用，从而与当代日趋开放的大学发展理念和社会结构产生矛盾。同时，各级政府部门的决策者、大学校方领导、规划设计者与校园日后真正的使用者的分离也是一个重要的问题……这就可能造成一些校园规划似曾相识，缺乏个性；另外一方面，由于缺乏足够的约束力……将造成一些大学校园尺度和规模过于庞大。"②

6.4.3 对基于国情的大学聚落集约化发展的思考

"科教兴国"战略推动了教育事业的大发展，许多高校都不同程度面临着扩大、调整、合并和改建、搬迁、新建等各项任务。然而，大学高速发展的背后，也面临着一些困惑。如何正确认知我国国情，使得大学聚落走绿色、集约、智能的发展道路，是当前设计界必须思考的问题。

从城市发展的广义视角来看，寻求紧凑、多样的方式，采用集约化的发展思路，更加符合我国的国情。一方面，我国的土地资源并不占优。众所周知，我国人口众多，2005 年达到 13 亿，2040 年将突破 16 亿，而我国可耕地面积约为 130 万平方千米，仅占世界耕地的 7%，人均耕地拥有量只有 942 平方米，仅为世界人均水平的 37.3%。更

---

①②王建国，程佳佳. 海峡两岸校园规划建设研究［A］. 第六届海峡两岸大学的校园学术研讨会. 广州：华南理工大学，2006.

为严重的是，我国耕地后备资源已近枯竭。不仅如此，近年来可耕地更由于极度开发和土地沙漠化等原因在急剧减少，在1997—2004年间全国耕地就减少了6.7万平方千米，仅2003年一年全国净减的耕地就达2.537万平方千米。另一方面，有限的土地资源没有得到很好的控制。统计数据表明，在过去的15年中，中国城市人口增加了54.99%，但是城市建成区面积却以125%的速度膨胀，城市扩展系数（城市用地增长率和人口增长率之比）达到了2.27∶1，严重超出了国际上比较合理的1.12∶1的比例，显示出我国城市单位用地的平均利用率远低于国际的平均水平。所以，城市发展需要采用一种紧凑的发展方式。当代大学作为城市的一种具有代表性的聚居区域，在城市化进程中扮演了相当重要的角色。大学同样需要控制在规模上的无限蔓延，需要以科学发展观及建构和谐社会为指导，采取理性和循序渐进的增长方式，强调规划效能（实效），戒除功利性因素。

当前大学聚落的建设需要从粗放型发展转为集约化发展，大学聚落内部品质需要从求量为主的外延式发展到求质为主的内涵式发展上来，即寻求一种"集约"的模式。集约（intensive），本意是密集、加强，包含与集成，源于西方经济学范畴，主要指土地集约利用。集约发展针对粗放型发展提出，粗放型发展具有高投入、高消耗、高污染的特征，集约发展是要根本改变这种发展方式，走向科学发展和可持续发展。集约进一步引申，可以理解为除了强调经济效益以外，还要强调环境效益和社会效益的目标体系。经济效益起基础性作用。建筑活动只有在有效地塑造出舒适的空间环境、体现出良好的社会效益的基础上，才能最终实现其经济效益。

大学聚落应该是一个知识分子、科学文化、创新产业集约化的空间地域系统，国外已开始进行此类研究。未来集约化大学发展往往有两种倾向。一个是倾向于系统化的适应性体系，将大学聚落看作城市系统下的一个子系统在运作，运用适应性的策略，协调、优化大学内部各个系统单元之间的关系。同时作为系统的动态与自组织特性，需要考虑到将大学所处环境中的经济、社会、文化、信息等合理因素，有效地整合在大学系统演化之中。另一个是倾向于高效综合化体系，大学高效综合化体系涵盖若干因素，诸如大学土地的高效使用，大学资金投入的高效使用，大学空间组织及功能组合的高效使用，大学环境生态的综合效益的有效保证等。

部分城市的规划管理部门已经意识到这些问题，但在实际工作中缺乏判断及评价依据。大学作为城市中一类特殊的聚居体系，其健康持续发展相当重要，因此大学集约化发展模式的研究具有现实的意义。

参 考 文 献

[1] 吴良镛. 人居环境科学导论[M]. 北京：中国建筑工业出版社，2001.

[2] 何镜堂. 当前高校规划建设的几个发展趋向[J]. 新建筑，2002 (4)：5 - 7.

[3] 何镜堂，窦建奇，王扬，等. 大学聚落研究[J]. 建筑学报，2007 (2)：84 - 87.

[4] 何镜堂. 环境·文脉·时代特色——华南理工大学逸夫科学馆作随笔[J]. 建筑学报，1995 (10)：5 - 9.

[5] 王建国，程佳佳. 海峡两岸校园规划建设研究[A]. 第六届海峡两岸大学的校园学术研讨会. 广州：华南理工大学，2006.

[6] C. 亚历山大，等. 俄勒冈试验[M]. 北京：知识产权出版社，2002.

[7] 周逸湖，宋泽方. 大学校园规划与建筑设计[M]. 北京：中国建筑工业出版社，2006.

[8] 贺国庆，王宝星，朱文富，等. 外国高等教育史[M]. 北京：人民教育出版社，2003.

[9] 滕大春. 外国教育史和外国教育[M]. 保定：河北大学出版社，1994.

[10] 金其铭. 聚落地理[M]. 南京：南京师范大学出版社，1984.

[11] 贺国庆. 中世纪大学和现代大学[J]. 河北师范大学学报（教育科学版），2004 (2)：22 - 28.

[12] 许蓁. 城市社区环境下的大学结构演变与规划方法研究——以欧、美及中国大学等为例[D]. 天津：天津大学，2006.

[13] 吴正旺，王伯伟. 大学校园城市化的生态思考[J]. 建筑学报，2004 (2)：42 - 44.

[14] 杨东星，王伯伟. 大学校园规划设计中的土地综合利用[D]. 上海：同济大学，2003.

[15] 赵容，王恩涌，等. 人文地理学[M]. 北京：高等教育出版社，2006.

[16] 费曦强，高冀生. 中国高校校园规划新特征[J]. 城市规划，2002 (5)：33 - 37.

[17] 张雷. 学生宿舍的类型与形式初探[J]. 世界建筑，2003 (10)：17 - 19.

[18] 李道增. 环境行为概论[M]. 北京：清华大学出版社，1999.

附录：大学聚落实证分析

以何镜堂院士为领军人物的华南研究团队，在大学校园规划与设计领域具有长期连续而深入的研究和实践基础，在国内有较大影响。团队从20世纪80年代起，就致力于大学校园规划与设计的相关工作，尤其是抓住20世纪末以来的大学建设的高潮，参与了近200项校园规划与设计的投标，并完成设计任务近100项，其中建成项目达70余项。浙江大学基础部总体规划、江南大学总体规划、华南师范大学南海校区总体规划等项目均产生了广泛的社会影响，获得专家学者的一致好评。

1．主要名称及主要相关指标列表

序号	学校名称	绿化率/%	建筑密度/%	容积率（毛）	在校学生规模/人	总用地/万平方米	总建筑面积/万平方米
1	重庆工学院花溪校区	49.02	12.9	0.57	15000	78.81	44.9
2	辽宁师范大学规划	65.8	11.5	0.42	12000	55.6	23.2
3	重庆三峡学院规划	36.2	16.2	0.7	20000	114	79.5
4	烟台大学2期	43.5	24.9	0.84	50000	21.6	18.1
5	上海工程技术大学	47.6	9	0.32	12000	78	25
6	安徽师范大学	52	8.07	0.36	20000	179.07	64.5
7	上海理工大学	58.4	11.1	0.68	30000	47.36	31.98
8	南京审计学院	62.87	6.9	0.19	15000	129.53	25.2
9	河南机电高等专科学校	39	16.8	0.49	10000	65.87	32.1
10	无锡商业职业技术学院（详细规划）	40.7	13.31	0.52	10000	55.7	29.2
11	中国矿业大学南湖校区（详细规划）	54.8	7.41	0.41	25000	190.5	78.2
12	金华学院（规划设计文本）	52	8.32	0.44	30000	201.37	88
13	河南财经学院	53.4	9.5	0.43	21000	105	45.67
14	武汉大学东湖分校	59.4	10.2	0.49	20000	100	49.27
15	扬州职业大学	41	22	0.54	12000	47.8	25.88
16	南京航空航天大学	49.3	11.3	0.46	39000	240	110
17	郑州工程学院	46.4	7.77	0.39	15000	92.7	36
18	华南理工大学大学城校区	46.8	15.2	0.69	23000	81.80	57.158
19	广东药学院广州大学城校区	45	19.7	0.54	8000	38.1	20.5
20	苏州科技学院	22.5	12.5	0.5	17000	113	56.1
21	盐城师范学院	43.4	11.5	0.45	16000	58.8	26.2

注：由于涉及面大，表中个别数据不清处用"—"表示。

序号	学校名称	绿化率/%	建筑密度/%	容积率（毛）	在校学生规模/人	总用地/万平方米	总建筑面积/万平方米
22	武汉工程大学流芳校区	41	19	0.38	—	43.3	16.3
23	东北电力学院	49.8	17.5	0.72	5000	25.4	18.3
24	河南政法学院	68	5	0.25	—	66	16.7
25	沈阳航空工业学院道义校区	43.8	9	0.41	11000	78.4	32.144
26	广东医学院	48.1	13	0.49	15000	78.4	38.4
27	华东师范大学松江校区	58.2	17	0.23	15000	100	22.87
28	江南大学（详细规划）	54.8	7.71	0.29	—	239.3	70
29	兰州大学榆中校区（概念规划）	44.5	17	0.4	17000	137.8	55.75
30	南京邮电学院仙林校区	68.9	7.2	0.42	18000	134.83	54.71
31	重庆大学（详细规划）	53.18	16.79	0.47	30000	166.66	77.8
32	重庆师范大学大学城校区	48	20.51	1.05	32000	160	168
33	浙江大学紫金港校区（详细规划）	52	7.7	0.48	25000	196.88	94.26
34	安庆职业技术学院	46.1	8.78	0.28	6000	49.6	14.04
35	北航老校区（规划投标）	31	17	1.7	—	149	87.65
36	北京航空航天大学沙河校区	44	14.7	0.64	15000	97.2	61.8
37	复旦大学规划投标	58.3	16.2	0.31	10000	96.7	30
38	华东师范大学闵行校区（规划）	51.1	17	0.28	17000	112	31.7
39	北航新校区（规划投标）	47.6	13.2	0.64	13000	97.4	62
40	华东师范大学嘉定校区	41.9	9.76	0.3	—	67	19.9
41	江南大学新校区（总体规划）	54.8	7.71	0.293	22000	239.3	70
42	南京工业大学江浦校区	62.8	7.3	0.24	22000	200	47.06
43	南京审计学院江浦校区	62.8	6.9	0.25	15000	129.53	31.9
44	上海大学校本部东区	43.54	—	0.72	20000	33.3	24.2
45	中国人民大学大众传媒管理学院	43.6	17	0.65	10000	68.66	44.6
46	盐城工学院	60	12	0.28	16000	130.6	37
47	湖北师范学院	60	7.8	0.29	20000	117	34
48	重庆交通学院	42	11.5	0.55	18100	128	69.8
49	东北大学复城新校区	61	13.1	0.58	20000	117	68.4
50	荆州长江大学	53	12.8	0.77	40000	110.76	85.14
51	广州大学城广州中医药大学	46.2	16.1	0.66	12000	48.1	31.22

2. 绿化率与建筑密度图示（第一组、第二组、第三组、第四组）

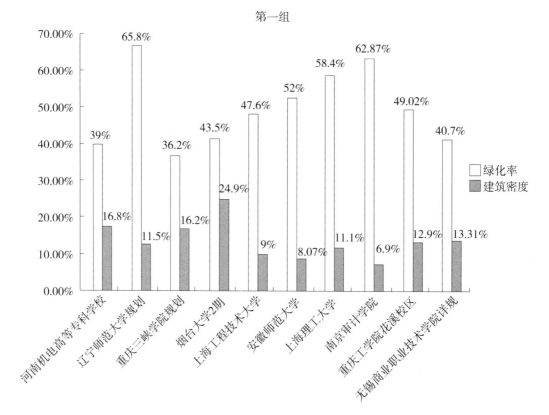

第一组

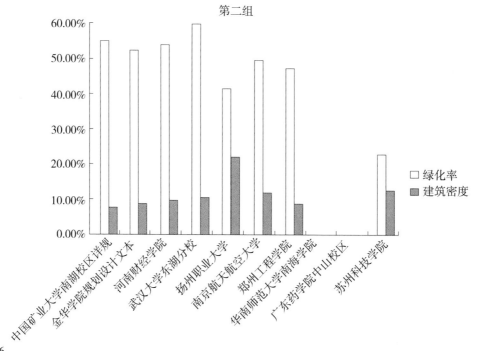

第二组

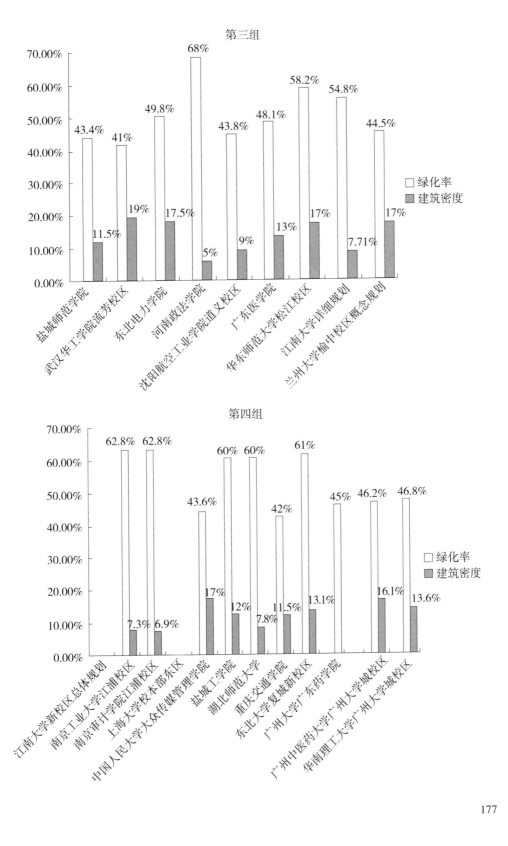

第三组

绿化率
建筑密度

盐城师范学院 43.4% / 11.5%
武汉华工学院流芳校区 41% / 19%
东北电力学院 49.8% / 17.5%
河南政法学院 68% / 5%
沈阳航空工业学院道义校区 43.8% / 9%
广东医学院 48.1% / 13%
华东师范大学松江校区 58.2% / 17%
江南大学详细规划 54.8% / 7.71%
兰州大学榆中校区概念规划 44.5% / 17%

第四组

绿化率
建筑密度

江南大学新校区总体规划
南京工业大学江浦校区 62.8% / 7.3%
南京审计学院江浦校区 62.8% / 6.9%
上海大学校本部东区
中国人民大学大众传媒管理学院 43.6% / 17%
盐城工学院 60% / 12%
湖北师范大学 60% / 7.8%
重庆交通学院 42% / 11.5%
东北大学复城新校区 61% / 13.1%
广州大学广东药学院 45%
广州中医药大学广州大学城校区 46.2% / 16.1%
华南理工大学广州大学城校区 46.8% / 13.6%

3．绿化率层级分布图示

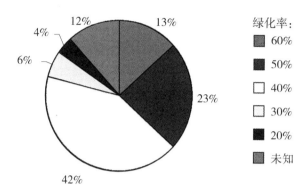

绿化率层级:52所学校比例因子

4．总建筑面积图示

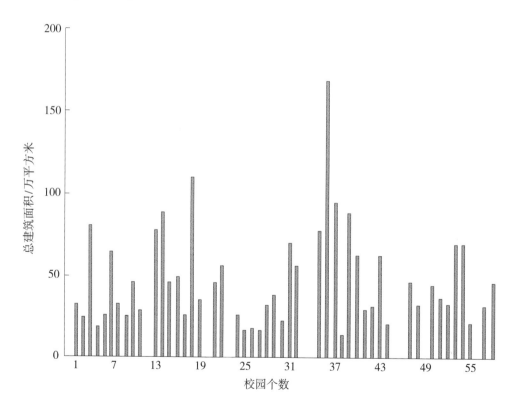

5．容积率层级分布图示

容积率：52所学校比例因子

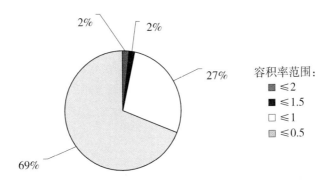

容积率范围：
■ ≤2
■ ≤1.5
□ ≤1
▨ ≤0.5

6．用地指标图示

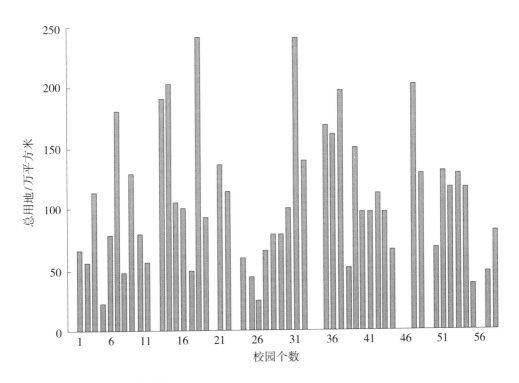

7．对以上指标统计的总结

根据以上实践列表可以得出以下结论。

（1）大学聚落规划出现高绿化率，低密度的发展趋势。根据绿化率及建筑密度列表可以看出，绿化率普遍在50%～60%之间，而建筑密度大部分在10%～20%之间。这是因为一方面，前几年国家适度放宽土地政策（现在已经紧缩），大学聚落在区位上往往能够获得比较好的条件；另一方面，大学本身也需要拥有比较优美的整体环境，突出大学园林的模式，营建良好的整体育人环境。

（2）大学聚落规模明显增大，根据总建筑面积列表分析得出，校区总用地面积一般都在1～1.5平方千米的范围内，这与世纪之交高校招生规模的扩张有着必然的联系。许多老校区原有的硬件设施已经不能适应现有的招生规模，于是纷纷在城市边缘地带建立新校区，且校区的规模也很大。校园的招生规模也比较大，根据在校人数分析列表可以看出，招生人数一般都在20000～25000人，规模是比较大的。

（3）大学聚落建筑群体，普遍采用五层左右的多层建筑群体，容积率不高，校园的整体尺度是比较宜人的。从容积率列表可以看出，近70%的规划工程实例中，其容积率均小于0.5。